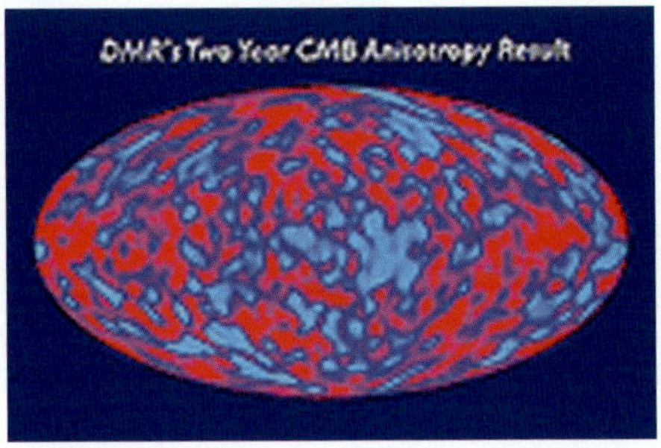

WMAP(Wilkinson Microwave Anisotropy Probe)로 찍은 우주 배경복사의 온도분포. 거의 평준화되어 있다(본문 20쪽).

태양계. 가장 바깥쪽에 있는 명왕성(Pluto)은 이제 행성으로서의 지위를 상실하여 소행성 '134340'으로 분류되었다(본문 28쪽).

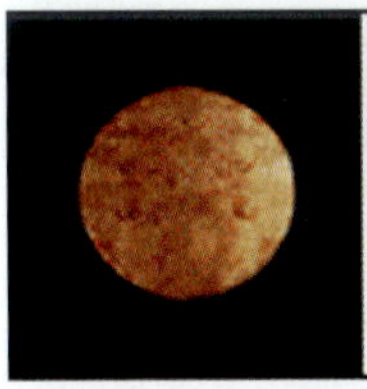
수성(Mercury)

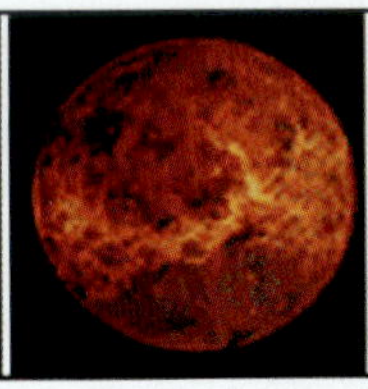
금성(Venus)

지구(Earth)

화성(Mars)

목성(Jupiter)

토성(Saturn)

천왕성(Uranus)

해왕성(Neptune)

명왕성(Pluto)

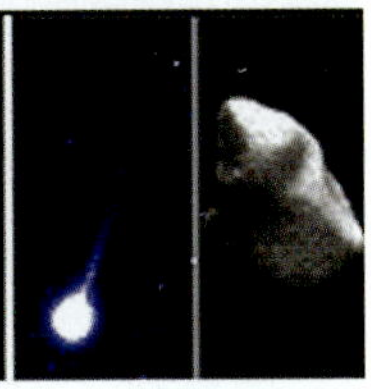
소행성들

태양(본문 28쪽)

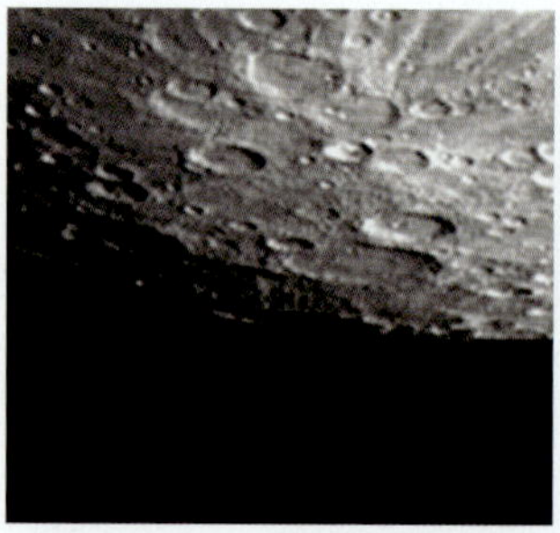

수성(본문 29쪽)

금성(본문 29쪽)

지구(본문 30쪽)

화성(본문 32쪽)

목성(본문 32쪽)

라파엘의 프레스코화 〈아테네 학교(The school of Athens)〉. 중앙에 서 있는 두 사람은 아리스토텔레스(우측)와 그의 스승인 플라톤(좌측)이다(본문 50쪽).

토성(본문 33쪽)

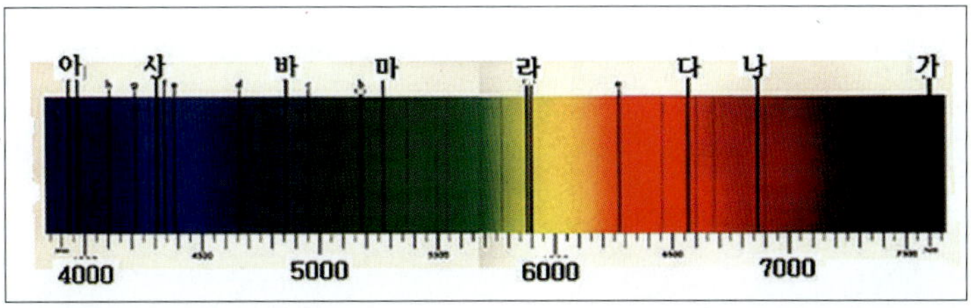

파장(단위 : 옹스트롬 = 1억 분의 1cm)
태양광선의 스펙트럼을 분석하면 군데군데 검은 띠가 보인다. 이 띠는 태양 표면영역에 있는 원소가 흡수한 빛의 스펙트럼을 나타내고 있다. 즉, 이러한 띠 부분에 해당하는 파장을 가진 빛만을 그 원소가 흡수하는 것이다(본문 94쪽).

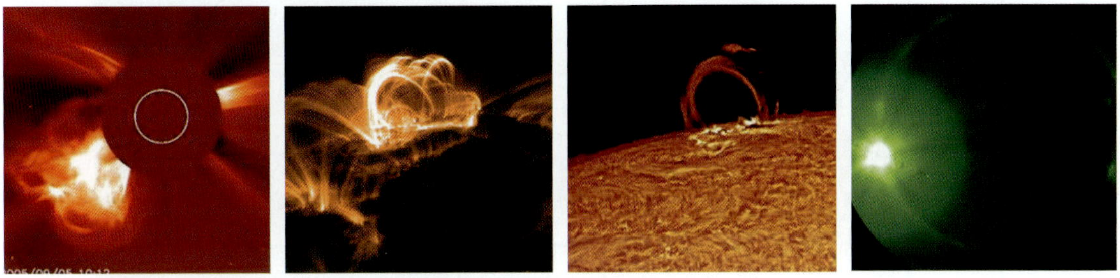

태양 플레어. 플레어는 보통 수소원자로부터 나온 빛을 필터를 통하여 관측한다(본문 95쪽).

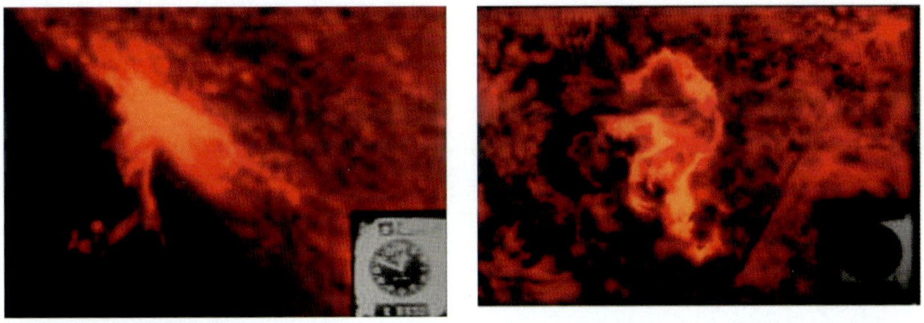

태양 플레어를 직접 관측한 것. 오른쪽 사진에서 플레어 바로 밑에 까맣게 보이는 부분이 흑점들이다. 플레어가 발생하면 그 위치의 태양 표면온도가 떨어져서 결국은 태양흑점으로 보이는 것이다(본문 96쪽).

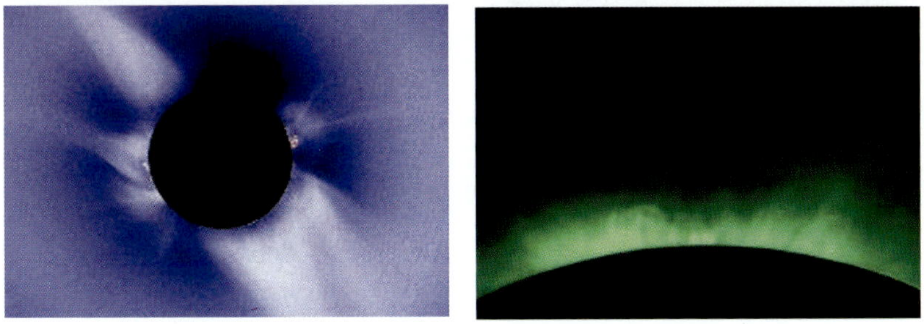

필터를 사용하여 찍은 태양의 코로나(Corona). 태양의 완전한 개기일식일 때 볼 수 있으며, 태양 주변에 하얀 환(crown)으로 나타난다(본문 97쪽).

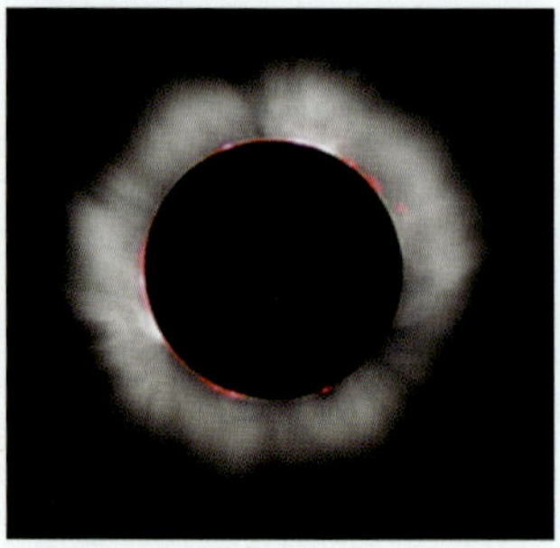

태양의 대기권(본문 98쪽)

태양권 속의 어떤 흐름 띠. 태양 표면에 있는 가스와 플라즈마가 twist운동을 통하여 만들어낸 흐름(본문 98쪽).

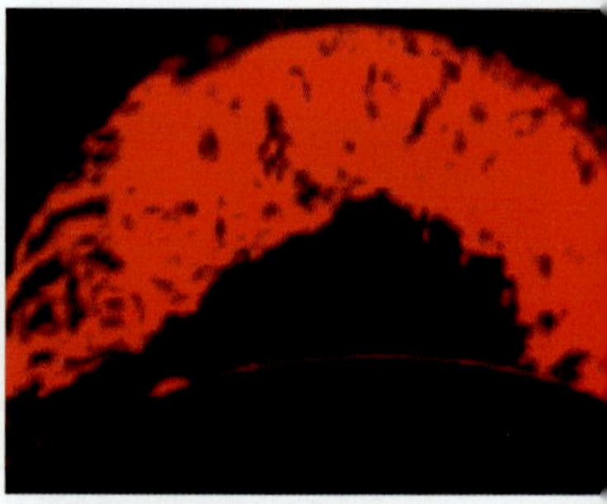

태양 표면의 분출되는 입자들. 강한 자기장을 낸다(본문 97쪽).

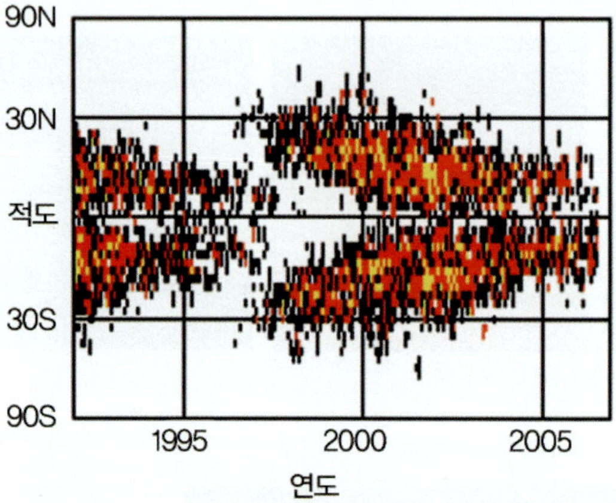

적도 양쪽의 위도 30도 내에서 나비 모양으로 나타나는 태양흑점 (본문 100쪽 참조).

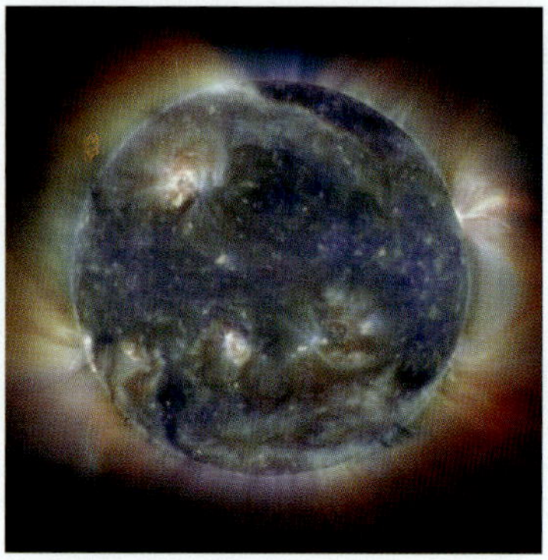

EIT(Extreme-Ultraviolet Imaging Telescope)로 1998년에 찍은 태양의 다색(多色) 사진(본문 100쪽).

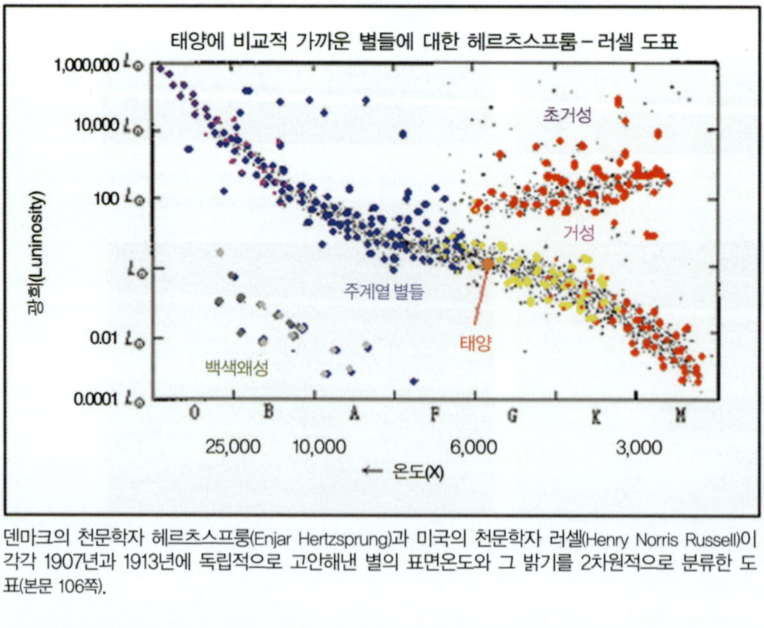

덴마크의 천문학자 헤르츠스프룽(Enjar Hertzsprung)과 미국의 천문학자 러셀(Henry Norris Russell)이 각각 1907년과 1913년에 독립적으로 고안해낸 별의 표면온도와 그 밝기를 2차원적으로 분류한 도표(본문 106쪽).

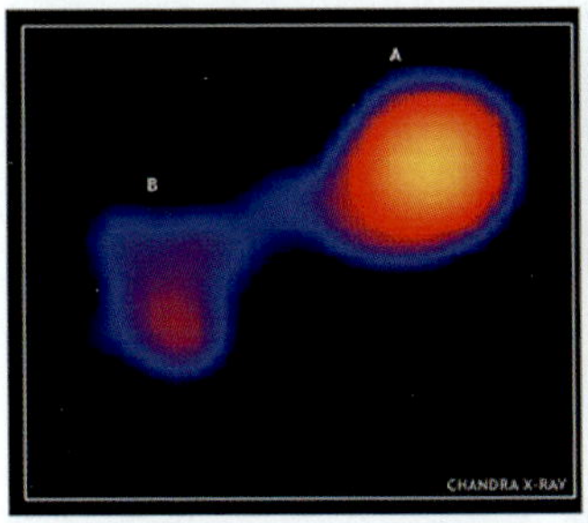

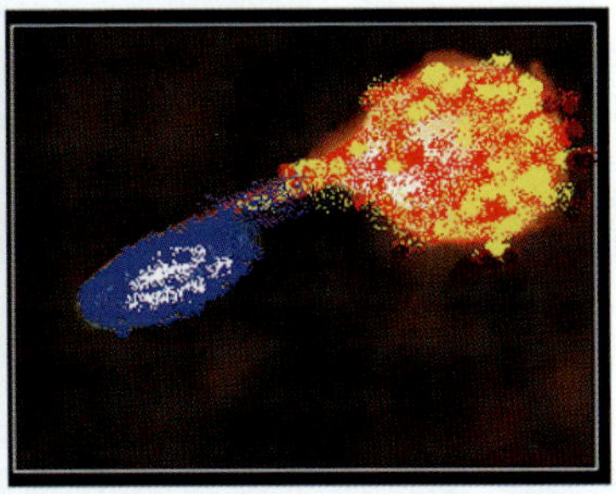

찬드라(Chandra)가 찍은 사진으로 미라 A는 적색거성이고 미라 B는 백색왜성(왼쪽).
미라 A의 물질이 미라 B에 유인 흡수되는 모습(오른쪽)(본문 112쪽).

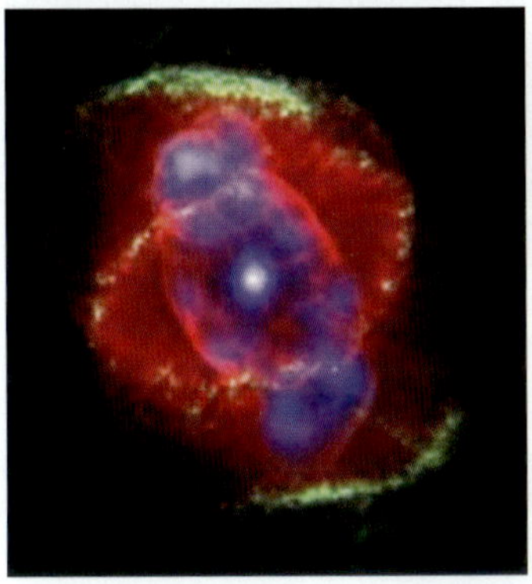

고양이 눈 은하(NGC6543). 중심부에 백색 왜성이 보인다(본문 114쪽).

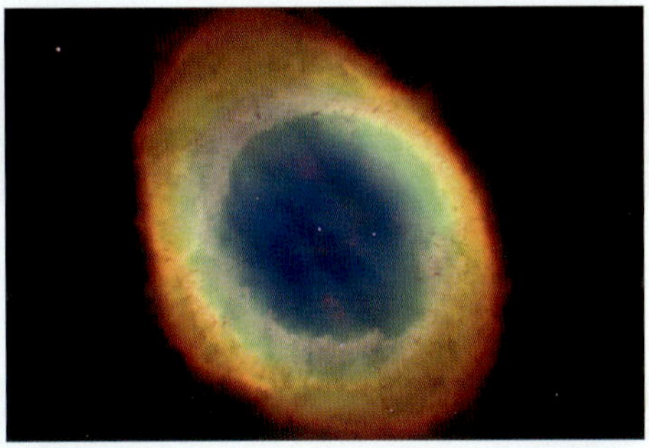

고리형 성운(M57, NGC6720). 지구로부터 약 4,000광년 떨어져 있으며 앞으로 약 5만 년 후에는 볼 수 없게 된다(본문 115쪽).

아령형 성운(NGC6853). 1764년 Charles Messier에 의해 관측되었다.
보통 육안으로는 볼 수 없다(본문 115쪽).

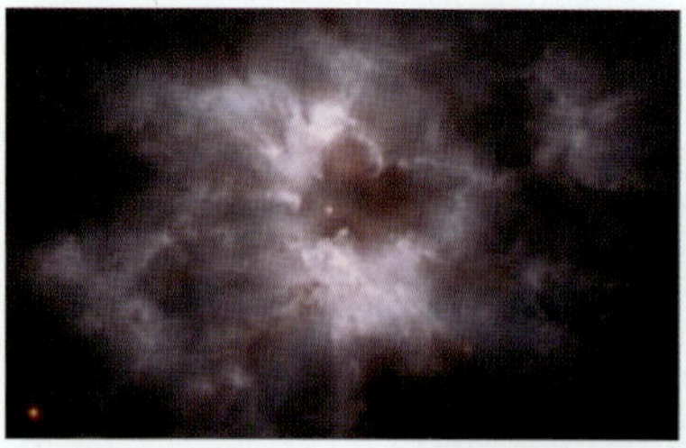

NGC2440(1998년 4월 26일 NASA가 Astronomy Picture of the Day에서 발표한 사진) (본문 117쪽).

센타우루스자리(Centaurus) NGC5128 은하. 곡선은 초신성의 밝기를 시간함수로 나타낸 것인데 방출된 빛의 에너지에 따라 색이 달라진다(본문 132쪽).

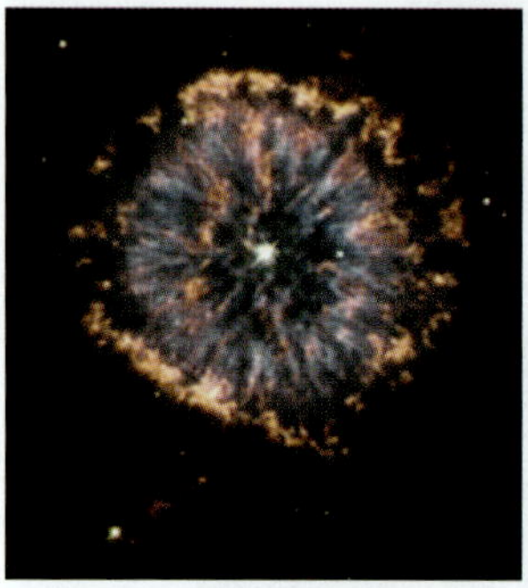

NGC6751. 전형적인 행성상성운이며 중심부에 백색왜성이 보인다(본문 117쪽).

게 성운. NGC1952(M1) 거리 : 약 7200 광년. BC 6146년에 폭발하였다(본문 118쪽).

에스키모 성운(NGC2392). 지구로부터의 거리 약 3,000ly. 1787년 윌리엄 허셜에 의해 발견되었다(본문 123쪽).

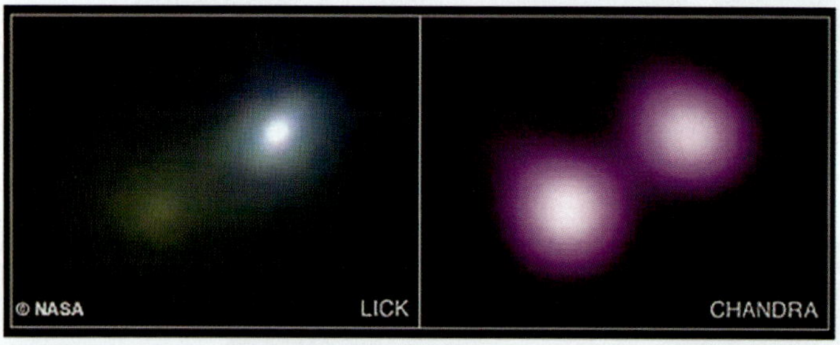

SN2006gy. NASA의 찬드라 X-ray관측소가 찍은 것으로 왼쪽 사진은 적외선 사진(infrared image)이며 왼쪽 밑에 희미한 부분은 이 초신성이 속한 은하 NGC1260의 중심부이다. 오른쪽 사진은 X-ray 이미지, 즉 X선만 통과하는 필터로 찍은 것이다(본문 133쪽).

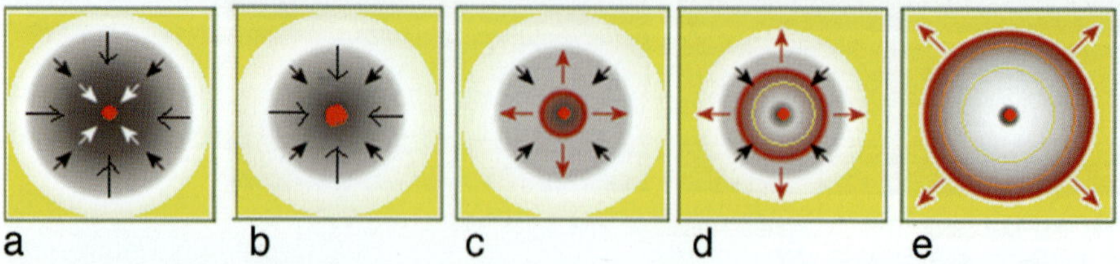

초신성 폭발의 메커니즘(본문 134쪽)

a. 찬드라세칼 한계에 도달하여 핵심이 압축되어 중성자들로 변한다.
b. 떨어지는 물질들이 결집한다.
c. 외부 쪽으로 터져나오는 충격파가 발생한다.
d. 중성미자와 상호작용하여 다시 활기를 띠게 된다.
e. 축퇴(degenerate)된 잔해물만 남는다.

우주는 무한인가 유한인가?

약동하는 우주

한국과학기술한림원

- 과학기술에 전문적 경륜과 식견을 가진 석학들을 회원으로 엄선, 각 부문별 전문성을 효율적으로 활용함으로써 국가 과학기술의 진흥과 창달에 기여하기 위해 1994년 사단법인으로 창립하였습니다.
- 2005년 기초과학연구진흥법 제11조(한국과학기술한림원의 설립 등) 개정에 의해 법정기구화되었습니다.
- 독립성, 자율성 및 전문성을 바탕으로 하는 순수 민간 과학아카데미로, 편견 없는 대정부 정책자문을 통해 올바른 과학기술정책의 수립을 유도하고 있습니다.
- 범부처적 국가 과학기술정책에 대한 자문과 건의를 통한 과학기술 발전의 장기적 비전을 제시하고 있습니다.

우주는 무한인가 유한인가?
약동하는 우주

저　　자 전일동
발 행 인 주정희
발 행 처 자유아카데미
디 자 인 피앤피디자인(www.ibook4u.co.kr)

주　　소 경기도 파주시 교하읍 문발리 527-2
파주출판문화정보산업단지
전　　화 031-955-1321
팩　　스 031-955-1322
홈페이지 www.freeaca.com
전자우편 main@freeaca.com(대표)
editor@freeaca.com(편집)

등　　록 제406-2003-017호, 1980. 7. 12
제1판1쇄 2009년 12월 31일 발행
정　　가 18,000원

ISBN 978-89-7338-793-9 03440

한국과학기술한림원

『석학, 과학기술을 말하다』 시리즈 ⑧

우주는 무한인가 유한인가?

약동하는 우주

전일동 지음

자유아카데미

서문

태양은 어떻게 그 막대한 에너지를 우리에게 보낼 수 있는가? 또 태양은 영원히 그 모습을 지속적으로 유지할 수 있는 것일까? 달은 지구 주변을 공전하고 있다고 하는데 달 뒷면은 우리에게 보여주지 않고 왜 항상 똑같은 얼굴만을 우리에게 보여주는가? 우주에 있는 한없이 많은 별들 중에 지구와 비슷한 환경을 가진 행성이 있는가 없는가, 만약에 있다면 우리와 같은 지능을 가진 생물체가 존재할 가능성은 있는가?

이러한 호기심 때문에 사람들은 망원경을 발명하였고, 그 망원경을 이용하여 더 자세하게 별이나 은하들을 관찰하게 된 것이다. 태양계는 우리 은하계 속에 위치하고 있으며, 은하계 밖에는 수많은 별들이 있다. 그렇다면 우리 은하계 외에 또 다른 은하계가 있을까? 은하계 안에서는 어떤 상대운동을 하고 있을까? 이들의 은하계는 어떻게 형성되었을까? 이 방대한 수의 별들을 포용하고 있는

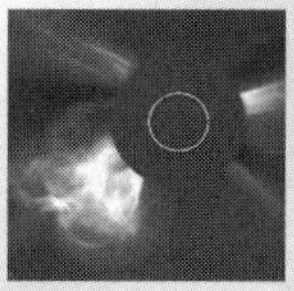 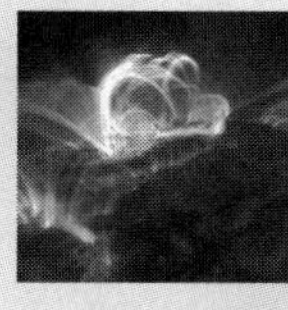 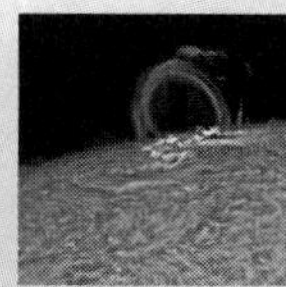 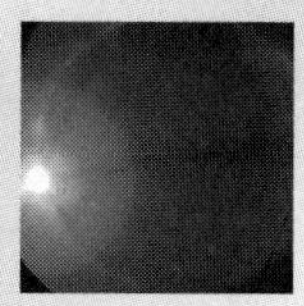

우주는 얼마나 큰 공간을 가지고 있을까? 우주는 완전히 고정된 세계인가, 혹은 살아 있는 역동적인 공간인가? 우주는 언제, 어떻게 만들어졌을까? 그 속의 별들은 언제 만들어졌으며, 그 역학적 메커니즘은 무엇인가? 별과 별 사이에 있는 공간은 어떤 공간인가? 우주에서 일어나고 있는 물질적 운동은 어떤 역학적 원리에 입각하고 있는 것인가? 각 천체 사이에 어떤 교신 같은 것은 없을까? 태양 같은 밝은 빛을 내고 있는 별들은 어떤 메커니즘으로 그 막대한 빛을 계속적으로 낼 수 있는가? 등등 우리의 호기심과 알고 싶다는 욕망은 한없이 부풀어간다.

현대 우주과학자들이 하고 있는 일은 이러한 우리의 호기심과 수수께끼를 물리학의 모든 지식을 동원하여 우주의 신비를 과학적으로 하나씩 캐나가는 것이다.

우주에 대한 우리의 지식은 사변(思辯)만으로 형성되는 것이 아니라 과학적 근거를 토대로 구축된다. 우주 관측을 통하여 얻은 정확한 정보를 밑바탕으로 과학자들은 물리학 이론과 논리를 적용하여 우주의 형성과정과 그 속에서 일어나는 모든 물리적 현상을 분석하여 이해하는 작업을 끊임없이 진행하고 있는 것이다.

우주를 정확히 이해하기 위해서는 정확한 관측 데이터가 제공되어야 한다. 그래서 이러한 데이터를 제공하기 위해 광학적 망원경이 계속적으로 개량되고 있고, 현재 직경 8m까지 개발하였으며, 10m까지도 개발 중에 있다. 또한 광학적 방법의 한계를 극복하기 위해 전파망원경을 개발하여 더 먼 거리에 있는 은하에 관한 정보를 입수하기도 한다.

아인슈타인의 상대성이론에 의하면 이 세상에서 빛보다 빠른 속도로 움직이는 물체는 없다. 그런데 빛은 초당 30만 km란 속도를 가지고 있다. 우주는 방대한 공간이므로 우주 끝부분에 있는 은하 속의 별이 갑자기 폭발하여 막대한 빛을 낸다면 그 빛이 우리에게 도달하는 데는 상상을 초월할 만한 시간이 걸릴 것이다. 따라서 그 빛을 봤을 때 폭발이 지금 일어난 것으로 착각하지만 실은 그 먼 과거에 일어났던 일인 것이다. 방출된 빛이 우리에게 도달하는 데 긴 시간이 걸렸으며, 따라서 그 빛은 먼 과거의 정보를 지니고 있다. 결국 우리는 우주에서 일어난 과거를 현실에서 생생하게 보게 된다는 기가 막힌 일을 경험하게 되며, 이것이 우주의 참모습이다.

종교에서 말하는 우주는 과학과 아무런 관계가 없다. 왜냐하면 그것은 주관적이기 때문이다. 《성경》의 창세기 제1장에서 언급된 "하나님이 가라사대 '빛이 있으라' 하시매 빛이 있었고(3절)"라든가 "하나님이 두 큰 광명을 만드사 큰 광명으로 낮을 주관하게 하시고 작은 광명으로 밤을 주관하게 하시며 또 별들을 만드시고(16절)"(한영성경전서, 1998)라고 하는 것은 과학적 근거에 의한 것이

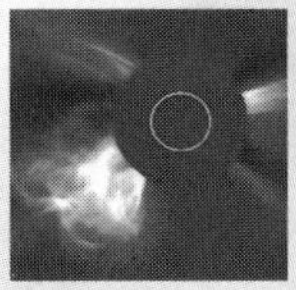
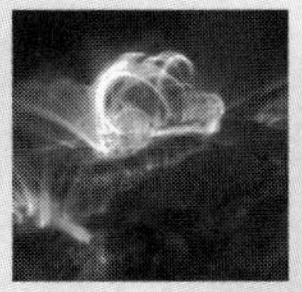
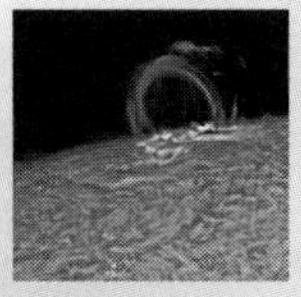
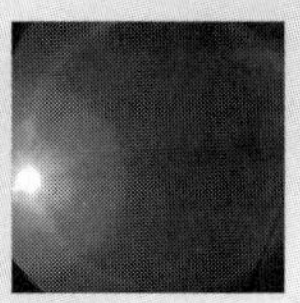

아니기 때문에 과학이 될 수 없다. 과학에서 다스리는 객관적 사실을 어떻게 이용하는가는 그 목적에 따라서 의미가 엇갈린다.

우리는 이 책을 통해 객관적 사실만을 토대로 우주관이 어떻게 형성되는가를 보게 되며 우주의 신비스러운 모습에 놀라움을 금할 수 없을 것이다.

2009년은 '세계천문의 해' 이며 우리나라도 직경 8.4m 반사경 7개로 구성된 대형 망원경 GMT(Giant Magellan Telescope)를 앞으로 10년 내에 제작하여 남미 칠레에 설치할 계획이라서 더욱 우주에 관심을 갖고 온 국민이 과학적 지식을 많이 갖도록 노력을 해야 하지 않을까?

지면의 제한 때문에 많은 것을 할애할 수밖에 없었던 점과 내용에 미비했던 부분이 있다면 독자 여러분의 이해를 바란다.

끝으로 이 책이 나올 때까지 격려와 지원을 아끼지 않았던 한국과학기술한림원 '석학, 과학기술을 말하다' 시리즈 담당 여러분과 디자인부터 전체 기획까지 여러 면에서 도움을 주신 자유아카데미와 한성출판기획의 담당자분에게도 감사드린다.

2009년 11월

전 일 동

CONTENTS

제6장 독특한 별들

제7장 은하(galaxy)

제8장 팽창우주

제9장 가속된 우주팽창

부록

제1장

우주의 현주소

빛의 속도는 초당 30만 km를 달리는 속도이며, 1초 동안에 지구를 7번 반 정도 돈다. B747 제트 비행기로 지구를 반 바퀴 도는 데 약 50시간이 소요되는 것을 생각하면 빛의 속도가 얼마나 빠른지 짐작할 수 있을 것이다. 그 빠른 빛이 1년 동안에 지구를 약 2억 4,600번 돈다. 이 거리가 바로 1광년이다. 길이로 따지면 약 9조 4,600km이다.

the universe

우주의 현주소

1.1 우주는 유한한가 무한한가?

우리는 대부분 우주가 유한한지 혹은 무한한 크기를 가지고 있는지 잘 알지 못하고 막연하게 상상을 초월한 크기가 아닐까 생각하고 있을 것이다. 하지만 현대과학은 그것을 정확히 알아낸다. 과학이란 상상에 의해 자연의 모습을 말하지 않는다. 확실한 근거를 토대로 자연의 참모습을 알아내는 것이다. 우주과학자들은 우주가 어떻게 탄생하였고 현재 어떻게 진화되어가고 있는지 규명해가고 있다.

우주는 유한하다. 그 이유는 우주가 팽창하고 있기 때문이다. 이러한 우주론을 팽창우주론, 즉 빅뱅(Big Bang)우주론이라고 말한다. 이 빅뱅우주에 대해서는 나중에 자세히 설명하기로 하고, 우선 망원경으로 관측한 거의 우주 끝부분에 있는 '퀘이사(Quasar)'라고 하는 천체의 사진을 보도록 하자. 그곳까지의 거리는 약 132~133억 광년이다. 광년(ly, light year)이라고 하는 거리는 빛의 속도로 1년 달린 거리이다. 그리고 빛의 속도는 초당 30만 km를 달리는 속도이며, 1초 동안에 지구를 7번 반 정도 돈다. B747 제트 비행기로 지구를 반 바퀴 도는 데 약 30시간 이상이 소요되는 것을 생각하면 빛의 속도가 얼마나 빠른지 짐작할 수 있을 것이다. 그 빠른 빛이 1년 동안에 지구를 약 2억 4,600번 돈다. 이 거리가 바로 1광년이다. 길이로 따지면 약 9조 4,600km이다.

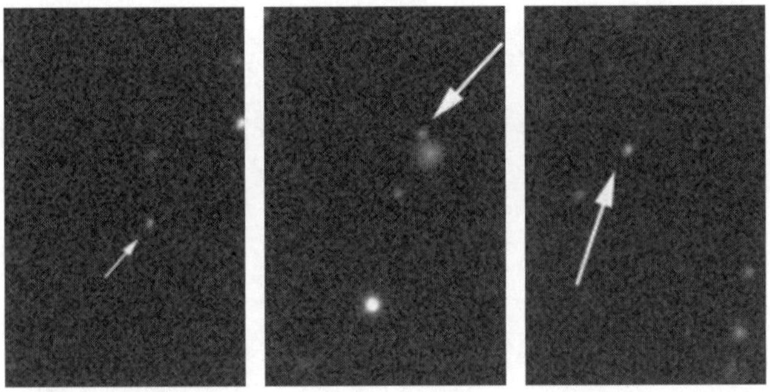

먼 거리에 발견된 퀘이사(Credit : Sloan Digital Sky Survey)
사진에서 화살표로 표시된 점이 아주 밝은 빛을 내고 있는 퀘이사(Quasar)라고 하는 대단히 먼 거리에 있는 천체이다.

또한 다음 사진은 역시 120~130억 광년(즉, 빛의 속도로 120~130억 년 걸리는 거리) 떨어져 있는 은하인데, 왼쪽 사진의 중앙에서 약간 아래에 보이는 밝은 동그라미 바로 밑에 붙어 있으며 확대한 것을 오른쪽 위에 나타내었다. 인삼 같은 모양으로 기다란 은하로 보인다. 하지만 우주 공간에 수많은 은하들의 중력장 때문에 퀘이사로부터 발사된 빛의 궤도가 휘어져서 이러한 모양으로 보이게 된 것이고, 원래 모습을 컴퓨터로 복원하면 사진 오른쪽 아래와 같이 원형이다. 아인슈타인의 상대성이론은 빛이 강한 중력장 속을 지날 때 그 궤도가 휘어진다고 말한다. 이 사진은 그것을 입증하고 있는 것이다.

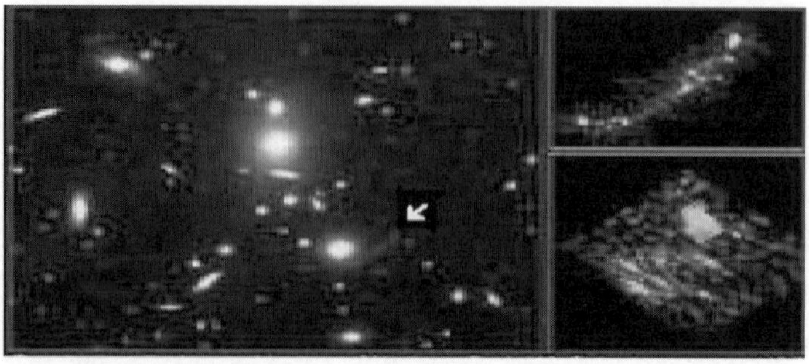

나사의 허블망원경으로 촬영하고 1997년 7월 30일 공개한 120~130억 광년 떨어진 곳의 은하

이러한 관측결과를 볼 때 우주는 유한하다는 것을 짐작할 수 있을 것이다. 물론 더 확실한 근거를 제시해야 하지만 그것에 대해서는 차차 설명하기로 한다.

1.2 살아 있는 별들

우주에는 수많은 별들이 존재한다. 이 별들은 우주가 탄생한 후 태어났고 성장하면서 여러 형태로 변화하다가 결국은 죽게 된다. 마치 인간이 이 세상에 태어나 생활하다가 마지막에 세상을 떠나는 것처럼 별들에게도 그들의 생애가 있다. 또한 어떻게 태어나는가에 따라 그 생애도 다르다는 점은 인간과 너무나 유사하다. 가난한 집안에서 태어나 평범한 인생을 살던 사람은 조용히 죽지만 부유하거나 귀족의 집안에서 태어난 사람은 화려한 생활을 하고 죽을 때도 화려하게 죽고 장례식도 성대하게 치르게 된다. 별들도 마찬가지이다.

만약에 별의 질량이 태양의 질량보다 1.44배 이상으로 태어나면 그 찬란한 빛을 주변에 비치고 죽을 때가 되면 온몸을 빛으로 화려하게 우주 공간에 폭발시켜 은하 전체를 비추게 된다. 이것이 초신성 폭발(supernova explosion)이다.

얼마나 멋진 죽음일까. 그리고 그 별의 핵심에 백색왜성(white dwarf)이 남게 되고 그것이 중력붕괴되어 대단히 밀도가 높은 중성자별로 변한다. 이 상태에서도 아직 숨이 완전히 끊어지지 않고 온 세상에 전자파 신호를 보낸다. 즉, 펄스를 발사하는 펄서(Pulsar)로 마지막 몸부림을 친다. 그 다음에 서서히 블랙홀(Black hole) 상태에 진입한다. 블랙홀은 그야말로 별의 시체이며, 도깨비이다. 온 세상에 있는 물질이나 빛도 다 빨아먹는다. 한 번 빨아먹으면 내놓지 않는다. 완전히 귀신이 된 것이다. 이와 같이 별들도 사람처럼 그 생애가 진행되는 것이다. 참 신기하다고 말할 수밖에 없다.

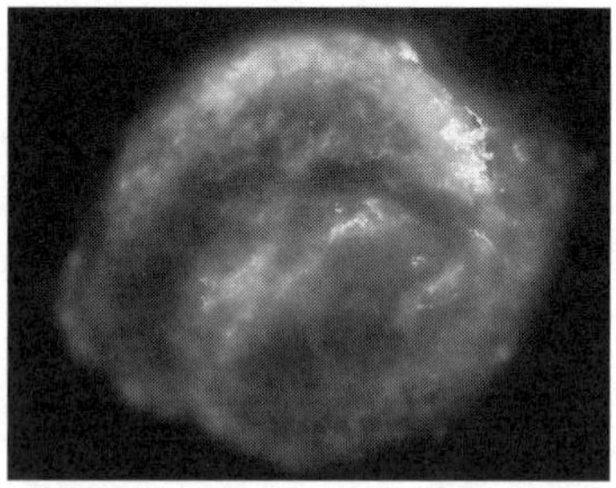

초신성 SN1604

1.3 일식 현상

2009년 7월 22일 오전 9시 34분 서울에서 부분일식이 시작되었다. 인도 바라나시와 중국 상해에서는 개기일식을 볼 수 있었다. 일식은 태양과 지구 사이에 달이 끼어들어가서 생기는 현상이다. 다음 그림(18쪽)으로 설명한다면, 그림 1에서 지구의 P점에 있는 관측자는 태양의 전체를 볼 수 있으므로 일식을 보지 못한다. 그런데 그림 2에서의 P점에 있는 사람은 부분일식을 보게 된다. 옅은색의 선으로 표시한 태양광선의 오른쪽 일부가 달 때문에 P점에 오지 못하기 때문이다. 따라서 지구상의 a와 c 사이, d와 b 사이에 있는 사람은 부분일식을 볼 수 있다. 그리고 c와 d 사이에 있는 사람은 완전한 개기일식을 보게 된다. 그림 3의 q점에서는 태양의 껍질만 보이는 금환일식이 나타난다.

이렇게 천체운동에 기인한 현상은 신기하기만 하다.

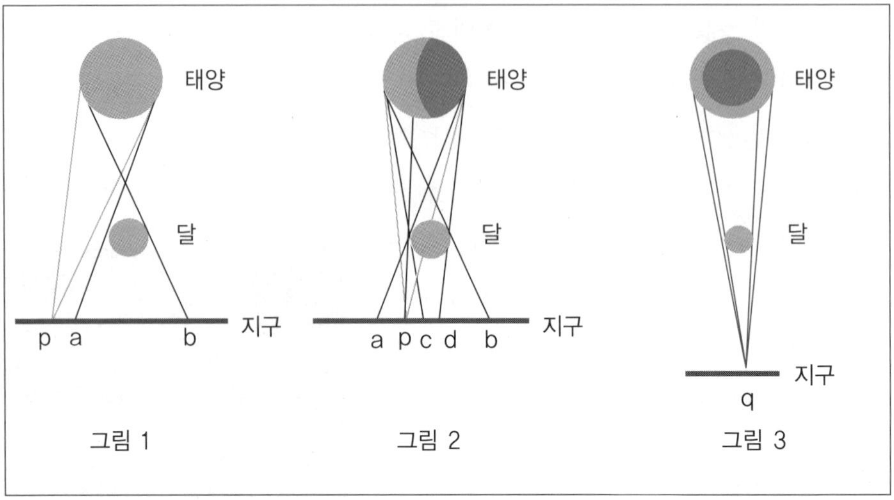

일식의 원리

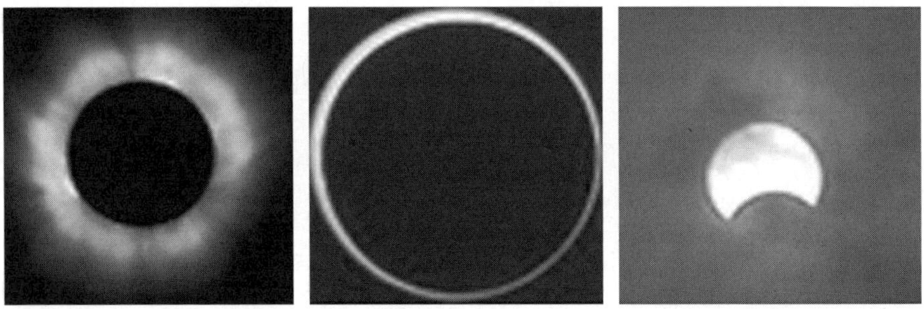

왼쪽은 개기일식, 중간은 금환일식, 오른쪽 사진은 부분일식

또한 관측에 의하면 달은 매년 3.8cm만큼 지구로부터 멀어지고 있다. 따라서 500만 년 후에는 190km정도 더 멀어지고 5억 년 후에는 1만 9,000km 더 멀리 떨어질 것이다. 참고로 지구에서 달의 거리는 현재 385,000km이다.

1.4 팽창우주

빅뱅우주론에 의하면 우주의 개벽은 모든 에너지가 함축된 점에서 시작하였고 비교적 초기에 폭발적 팽창을 일으키며 지금도 계속 팽창하고 있다는 것이다. 이러한 학설은 단지 인간의 추측에 지나지 않는다고 말하는 사람도 있겠지만, 과학은 면밀한 관측과 이론을 토대로 구축한 것으로 계속적으로 그 근거를 제시하고 입증해나가고 있으며 이제 부정할 수 없는 진실로서 받아들여지고 있다.

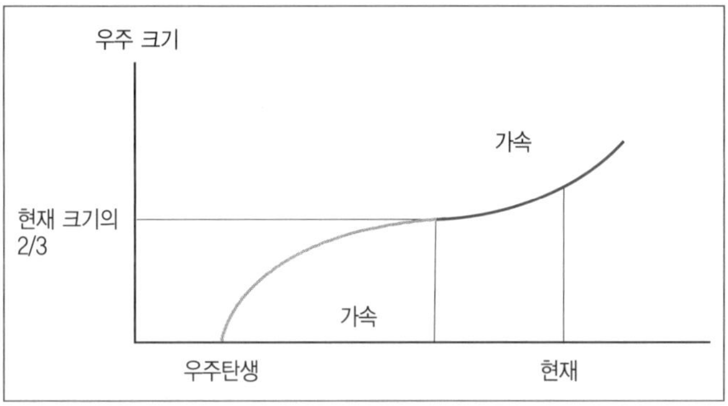

우주의 팽창

위의 그림은 팽창우주론에 의해 우주가 팽창하는 모습을 나타낸 것이며, 초기에 폭발적 팽창을 하면서 그 팽창속도가 조금씩 감소하는 형태로 진행되어왔는데 현재 크기(약 140억 광년, 즉 빛의 속도로 140억 년 달린 거리)의 약 3분의 2, 즉 약 93억 광년일 때 팽창속도가 증가하는 방향으로 바뀌었다. 이러한 사실은 먼 거리에 있는 천체의 확산속도(擴散速度) 등을 관측함으로써 확인하게 된다. 이러한 문제에 대하여 우리는 차차 이해하게 될 것이다.

1.5 우주의 온도

우주 속에는 많은 별이나 은하가 존재하고 있으며, 그들이 우주 중심인지 아니면 바깥쪽에 모여 있는지 알기 위하여 우주의 온도분포를 분석 · 관측해본 결과 온도는 어디서나 거의 같다는 사실을 확인하게 되었다. 이것은 우주가 거의 평준화된 상태이며, 중력에 의한 휘어짐이 거의 없다는 것을 말해주고 있다. 이 사실을 보고 우주가 평탄성(平坦性)을 가지고 있다고 한다. 우주가 이미 충분히 팽창하였기 때문에 초창기에 있던 불균일한 부분이 거의 없어지고 평준화, 즉 평탄하게 된 것을 온도분포로 확인한 것이다.

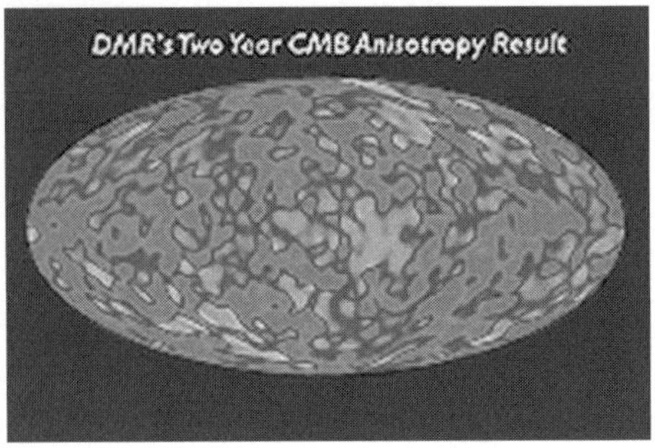

WMAP(Wilkinson Microwave Anisotropy Probe, 윌킨슨 초단파 비등방성 탐사위성)로 찍은 우주 배경복사의 온도분포

위의 그림에서 색깔의 차이는 온도차를 나타내는데 그 차이는 10만 분의 1이다. 그러나 우주는 무한이 아니고 역시 유한이다. 이미 앞의 퀘이사 사진에서 본 바와 같이 우주는 막대한 크기를 가지고 있으나 아직도 계속적으로 팽창하고 있다. 그 근거에 대해서는 나중에 설명할 예정이다.

1.6 우주 속의 물질 탄생

우주의 개벽은 에너지 덩어리였으므로 시간이 지나면서 물질들이 탄생하게 되었다. 그러면 언제, 어떻게 그들이 탄생하였을까?

●● 우주의 이정표(10^{26}란 공이 26개 붙어 있는 숫자, 10^{-45}는 10^{45}분의 1이라는 뜻이다)

시대	시간	우주온도	우주의 크기(m)	일어난 일
인플레이션 전	10^{-45} ~10^{-33}초	10^{26}K까지 떨어짐	10^{-51} 미터	온도가 균일화됨
인플레이션	10^{-35} ~10^{-32}초	급냉각된 후 회복	10cm	입자들이 합성
자유쿼크시대	10^{-32}~$\frac{1}{10만}$초	3x10^{12}K까지 떨어짐	~100억 km	쿼크와 반쿼크 합성
핵합성 전기	$\frac{1}{10만}$~100초	10억 K까지 떨어짐	10조km 이상	쿼크가 양성자, 중성자를 합성
핵 합성기	100초	10억 K	10조km 이상	원자핵 합성
원자 전기	~10만 년	4천K까지 떨어짐	지구의 1,300조 배 이상	핵과 전자
재 합성기	10만 년 후	4천K 이하	지구의 1,300조 배 이상	우주가 투명해짐
암흑 시대	처음 수십억 년	4천K 이하	태양의 1만3천조 배 이상	은하가 상호작용
퀘이사 시대		10K	태양의 1만3천조 배 이상	은하가 분리
현재	~100억 년	3K	태양의 13만조 배 이상	은하가 계속 멀어짐

* 여기서 K는 절대온도이다. 절대온도 0도는 섭씨 -273도이다.

우리 우주는 이렇게 진화되어왔던 것이다.

이 표에서 보면 물질이 합성된 시기는 대략 우주 개벽으로부터 10만 년 정도라고 할 수 있다. 물질의 가장 기본적 요소인 쿼크라고 하는 기본입자가 형성된 것이 10만 분의 1초 이전이며 원자핵의 구성요소인 양성자와 중성자 같은 핵자가 형성된 것이 대략 100초 이전(즉, 3분 정도)이다.

핵이 형성되면 다음은 원자, 분자, 고분자, 고체들이 형성되므로 결국은 모든 물질이 탄생하는 기초가 마련된 셈이다. 정말로 놀라운 속도로 물질들이 형성된 것이다.

제2장

우리은하와 태양계

태양은 우리에게 소중하고 핵심적 존재이지만 우리은하 전체로 볼 때 아무 것도 아닌 아주 평범한 별에 지나지 않는다. 과거에 우리가 태양계를 우주 전체라고 생각하고 있을 때는 태양을 위대한 별이며 신성한 존재로서 숭배하였다. 우주는 태양계보다 훨씬 크고 넓은 공간이며 태양 같은 별들은 수없이 많고 태양보다 더 강한 빛을 내는 별들이 수두룩하다.

우리은하(Milky Way)와 태양계

2.1 우리은하의 모습

우리은하는 어떻게 생겼을까? 여름밤에 하늘을 쳐다보면 은하수의 기다란 줄이 보이는데, 이것을 보고 우리은하가 길게 늘어난 모양으로 생겼다고 생각하기 쉽지만, 실은 옆의 사진처럼 3개의 날개를 가진 소용돌이 모양을 하고 있다.

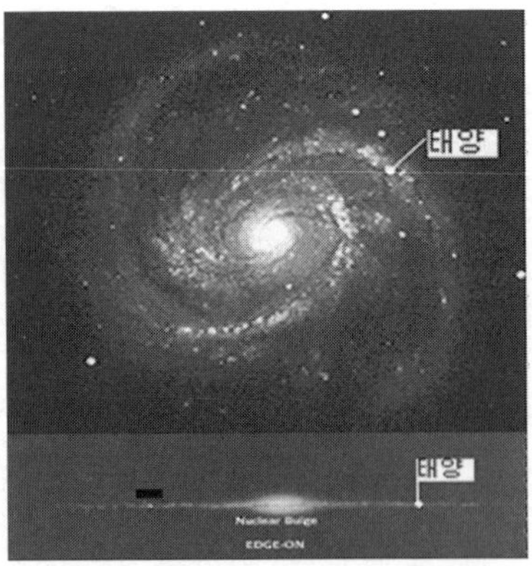

여기서 또 놀라운 일은 우리에게 가장 중요하고 생명의 근원이 되고 있는 태양이 은하의 중심에 있지 않고 5분의 3 정도 바깥쪽에 밀려나 있다는 점이다. 이렇게 볼 때 태양은 우리에게 소중하고 핵심적 존재이지만 우리은하 전체로 볼 때는 아무 것도

아닌 아주 평범한 별에 지나지 않는다.

과거에 우리가 태양계를 우주 전체라고 생각하고 있을 때는 태양을 위대한 별이며 신성한 존재로서 숭배하였다. 우주는 태양계보다 훨씬 크고 넓은 공간이며, 태양 같은 별들이 수없이 많고 태양보다 더 강한 빛을 내는 별들이 수두룩하다.

아래 사진은 우리은하를 옆에서 본 것으로 COBE(Cosmic background Explorer, 우주배경복사 탐사선으로 1989년 NASA가 제작함) 위성에서 찍은 것이다.

COBE 위성이 관측하고 408MHz의 전파로 찍은 우리은하의 모습

여기서 우리은하의 크기가 얼마나 되는지 알아보자.

우선 우리 주변에 있는 천체에 대한 크기와 거리 등을 보자. 그들은 지상에 있는 것들에 대한 양과 비교할 수 없을 정도의 큰 값을 가지고 있다.

●● 천체의 크기와 거리(여기서 10^{24}는 10의 24승, 즉 1조의 1조 배)

지구	질량 : 6 × 10^{24}kg 적도반경 6,378 km, 태양으로부터의 거리: 1억 5천만 km, 연령 : 약 46억 년
달	질량 : 지구 질량의 약 80분의 1, 반경 : 1,738km, 지구로부터의 거리 : 384,400km, 공전주기 : 27.32일, 중력(적도에서) : 지구의 약 6분의 1, 체적 : 지구의 약 50분의 1
태양	지구로부터의 거리 : 1억 5천만 km, 적도반경=696,000km, 체적 : 지구의 약 130만 배, 질량 : 지구의 약 33만 배, 즉 2×10^(30)kg. 출력 = 400watt의 1조 배의 다시 1조 배, 연령 : 약 50억 년
우리은하	편평한 소용돌이모양, 직경 약 10만 광년, 중심부는 구형, 두께 약 3천 광년, 총 질량 : 태양 질량의 약 2천억 배, 회전주기 : 2억 4천만 년, 회전속도 : 220 ± 20km/s

(1광년은 초당 30만 km라는 빛의 속도로 1년간 달린 거리)

또 놀라운 일은 우리은하가 빠른 속도로 회전하고 있다는 사실이다. 관측을 해보면 우리은하 속의 모든 별들이 대략 초당 220km란 속도에 같은 방향으로 돌고 있다는 것을 알게 된다. 아래의 그림은 은하 중심으로부터 어느 거리에 있는 별들의 회전속도를 나타낸 것이다. 10^(13) km는 10조 km를 말한다.

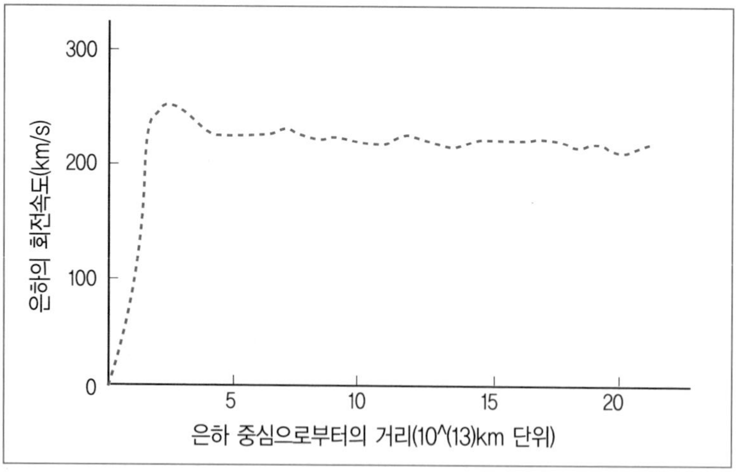

우리은하의 회전속도

앞의 표에 보면 지구가 얼마나 큰지 알 수 있다. 시속 900km인 제트비행기로 지구를 한 바퀴 도는 데 약 50시간이 걸린다. 가장 가까이에 있는 천체인 달도 지구로부터 약 38만 km나 떨어져 있고 태양은 지구로부터 1억 5,000만 km의 위치에 있다.

이들 천체는 그나마 육안으로 볼 수 있기 때문에 관측을 통하여 그들의 정보를 입수할 수 있다. 그러나 우주는 한없이 큰 것으로 추측되는데, 태양보다 훨씬 먼 거리에 있는 천체들의 모습을 어떻게 알아낼 수 있을까? 또한 아무리 우리가 살고 있는 지구라도 어떻게 그 질량을 알아낼 수 있고, 연령을 측정할 수 있을까?

물론 지구는 우리가 살고 있기 때문에 토양(土壤) 측정이라든지 지구 내부탐사 등에 의해 질량을 알아낼 수 있겠지만, 멀리 떨어져 있고 우주 공간에 떠 있는 달의 질량은 어떻게 측정할 수 있는가?

요즘은 달 탐험 로켓으로 인간이 달에도 갈 수 있기 때문에 직접 여러 가지 정보를 입수할 수 있겠지만, 인간이 가지 못하는 다른 천체라든지 우리 은하계에 얼마나 많은 별들이 있고, 우주 전체에 얼마나 큰 천체가 분포하고 있는지를 어떻게 알아낼 수 있을까?

옛날에는 이런 질문들에 답한다는 것이 불가능했던 일이었고 따라서 상상력으로 여러 가지를 추측해보고 적당히 대답해왔던 것이다. 그러나 현대과학은 많은 정보수집을 가능하게 하였고 수집된 과학적 정보를 분석함으로써 전체적인 천체운동과 진화과정을 이해할 수 있게 된 것이다.

2.2 태양계

태양계

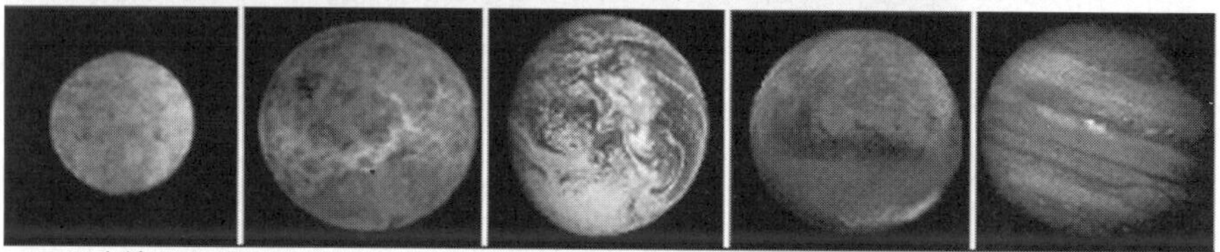

수성 금성 지구 화성 목성

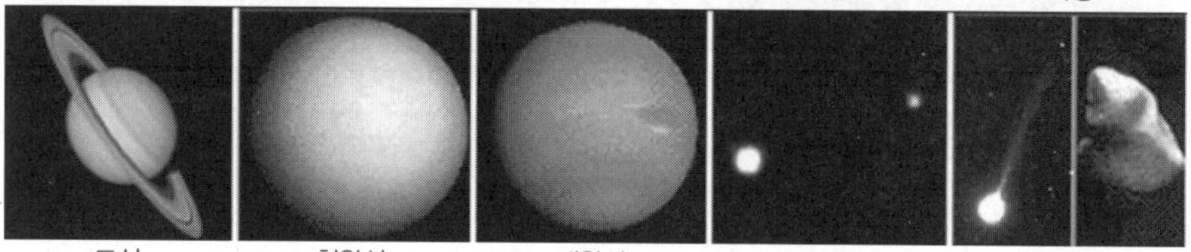

토성 천왕성 해왕성 명왕성 소행성

(1) 태양(Sun)

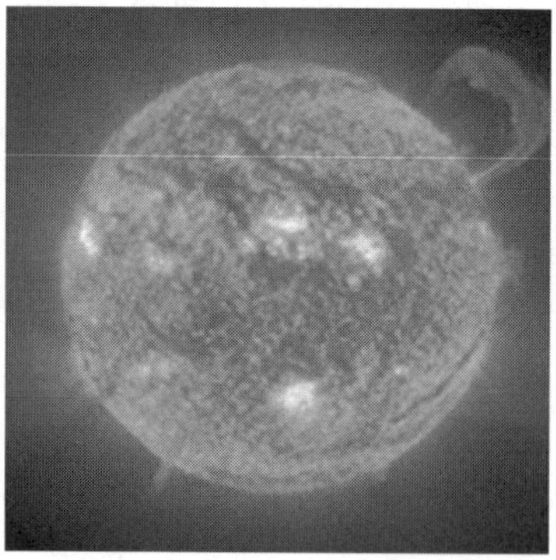

태양의 나이는 약 50억 년이며, 지구로부터 약 1억 5,000만 km 떨어져 있다. 우리 은하수 안에는 비슷한 별이 수백만 개 있으며 우주에는 은하가 수십억 개나 있다. 태양의 질량은 지구 질량의 약 333,400배나 되며 막강한 중력으로 묶여 있고 핵심부분의 압력과 온도는 막대하다. 지구 대기압의 10억 배나 되고, 밀도는 물의 밀도보다 160배나 크다. 핵심부분의 온도는 1,600만 도이고, 방출되는 에너지가 태양의 붕괴(collapse)를 막아내고 있다.

총 복사에너지는 3.83×10^{23}kw(즉, 약 4조의 100억 배kw)이다.

(2) 수성(Mercury)

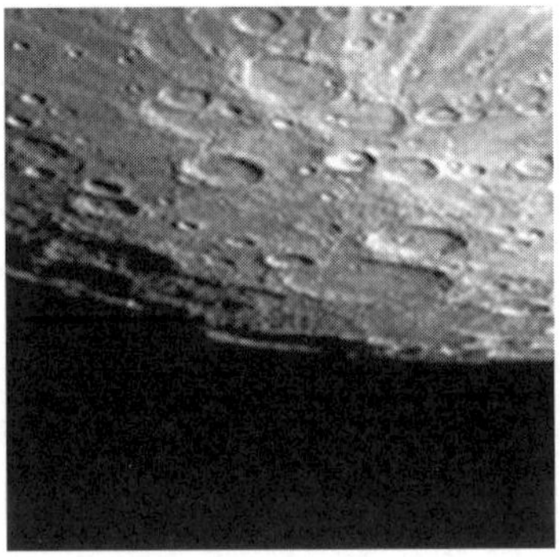

작은 암석으로 된 수성은 태양에 가장 가까운 행성이다. 장축(長軸) 7,000만 km, 단축(短軸) 1,700만 km인 타원궤도를 88일 만에 돈다. 그 속도는 약 50km/s이며 다른 행성보다 가장 빠르다. 태양에 가까워서 그 표면온도는 467도까지 올라간다. 그러나 대기가 거의 없으므로 그 온도를 항상 유지할 수 없고, 밤에는 −183도까지 떨어진다.

수성은 태양에 너무 가까워서 지구에서는 보기가 쉽지 않다. 그래서 과학자들은 수성의 똑같은 한쪽 면만이 항상 태양을 바라본다고 생각하고 있었으나, 1965년 수성이 태양을 두 번 회전할 때마다 세 번 자전하는 것을 발견하였다.

(3) 금성(Venus)

금성은 그 크기, 질량, 구조 등이 지구와 비슷하다. 그러나 금성에는 바다가 없고 빠른 속도로 회전하는 뜨거운 구름으로 덮여 있어서 표면온도가 납(鉛)을 녹일 수 있을 정도로 높은 온도가 유지되어 지구의 바다 속 깊이 900m에서의 압력과 같은 기압을 갖고

있다. 또한 그 구름이 태양의 빛을 강하게 반사하여 행성 중에서 가장 밝다. 대기는 주로 일산화탄소로 구성되어 있고, 유황가스도 약간 포함되어 있으나 수증기는 없다.

금성의 표면온도는 약 450도, 대기압은 지구 대기압의 90배에 달한다. 243일 만에 한 번 자전하며, 225일 만에 태양 주변을 공전한다. 따라서 금성의 하루는 지구의 1년보다 길다. 또한 금성의 자전방향은 공전방향과 반대이므로 금성에서 태양을 보면 서쪽으로부터 뜨고 동쪽으로 진다.

(4) 지구(Earth)

지구는 태양계 행성 중에서도 특유한 색을 하고 있다. 흰색은 구름이고 파란색은 바다와 녹지대를 나타내고 갈색은 사막이다. 이렇게 아름다운 지구에 우리가 살고 있다는 것은 얼마나 축복받은 일인지 감사해야 한다. 이러한 지구를 개발이라는 미명 아래 파괴시키고 있는 것도 또한 인간이지만 우리는 지구환경을 지켜야 할 의무가 있다. 개발은 환경과 조화를 유지하면서 진행되어야 하는 것이다. 현재 세계적으로 지구환경 문제가 심각하게 논의되고 있고, 우리나라도 그 흐름에서 벗어날 수 없을 것이다. 우리는 지구환경의 파괴로 인해 몇만 년 전에 공룡들이 멸종된 사실을 알고 있다. 인간이 지구에서 멸망하지 않고 행복하게 살아남기 위해서는 이 문제를 다시 한 번 깊이 생각해야 한다.

최근에 미국의 나사 존슨(NASA Johnson) 우주센터의 연구팀이 2000년 1월 18일 캐나다 북서부 타기쉬 호수의 빙원(氷原)에 떨어진 운석(隕石) 속에 태양계 탄생 당시 형성되었다고 추측할 수 있는 유기물을 발견하였다. 이 유기물의 구조는 현재 지상에 있는 것들과는 큰 차이를 보이고 있으며, 태양이나 행성이 막 탄생하고 있는 원시 태양계의 가장 외각 구역에서 형성된 것으로 당시의 구조를 보존하고 있을 가능성이 매우 높다.

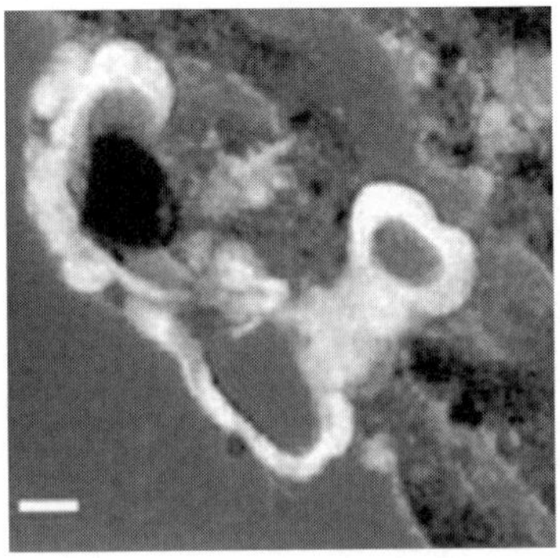

이 사진은 운석의 일부에 대한 투과 전자 현미경 사진인데 안쪽에 구멍처럼 된 유기물이 하얗게 보인다. 흰색 막대의 길이는 2/10,000mm를 나타낸다.

이 유기물은 보통 질소보다 중성자가 1개 더 많은 질소-15를 지구의 기성 유기물보다 1.2~2배가량 많이 함유하고 있으며, 중수소는 2.5~9배까지 더 많이 포함하고 있다. 이런 특징은 영하 260도 전후의 극한 환경에서 형성되었다는 것을 나타내고 있는 것이다. 이런 점에서 원시 태양계의 가장 외각 구역에서 형성되었다고 연구팀이 결론을 내렸다.

지구에서 최초로 생명이 탄생할 때 재료가 된 유기물들은 지구 외부로부터 유입된 운석들이었다고 보는 학설도 있다. 따라서 이번에 발견된 유기물의 구조가 상세히 규명되면 생명의 탄생 메커니즘을 규명할 수 있게 될지도 모른다.

(5) 화성(Mars)

화성은 붉은 빛을 띠는 행성으로 인간의 많은 관심을 끌어왔다. 그곳에 물이 있을까, 혹은 생명체가 살아 있지는 않을까? 끝없는 호기심을 우리에게 심어왔다.

화성은 암석으로 된 작은 행성이다. 그 표면은 화산운동이나 다른 작은 천체가 충돌했다든지 혹은 지각운동에 의해 변했으며, 모래바람도 불고 있다. 남극

에는 얼음이 있고 계절에 따라 커졌다 작아졌다 한다. 지구의 지각운동이 주로 암반(岩盤)이 옆으로 이동하고, 서로 밀고, 깎아내고 하는 것과 달리 화성의 경우는 수직방향의 지각운동을 하는 것으로 추정된다. 따라서 용암을 밑으로부터 표면에 밀어 올린다. 또한 모래바람이 주기적으로 불고 황사 같은 현상도 관측된다.

위 사진에서 밑 부분에 보이는 흰 영역은 얼음이다. 그렇다면 생명체가 살아 있을 가능성이 매우 커진다. 물론 그 생명체는 박테리아 같은 원시적인 것이다.

⑹ 목성(Jupiter)

목성은 태양계에서 질량이 가장 큰 행성이고 63개의 위성과 고리를 갖고 있다. 만약에 그 질량이 약 100배 정도 더 컸다면 행성이 아니라 별(star)이 되었을 것이다. 여기서 별이란 태양같이 스스로 빛을 내고 있는 별을 말한다.

1610년 1월 7일 갈릴레이(Galileo Galilei)가 이탈리아 북부지역의 도시 파도바(Padova)에 있는 자택 정원에서 자기가 제작한 망원경으로 목성을 관측하다가 목성 주변의 작은 별 4개를 발견하였다. 그 이후에 그들은 이오(Lo), 유로파(Europa), 가니메데(Ganymede), 칼리스토(Callisto)로 명명되어 갈릴레이 위성으로 알려져 있다. 이오는 태양계에서 가장 화산활동이 활발한 천체이고, 가니메데는 가장 큰 위성(moon)이며 스스로의 자기장(磁氣場)도 가지고 있다. 유로파의 꽁꽁 얼어붙은 지각 밑에 바다가 있는 것으로 추정되며, 칼리스토 지각 아래에는 얼음바다가 있을 것이다. 2003년 한 해 동안 천문학자들이 23개의 위성을 더 발견했으며, 현재 공식적으로 인정받고 있는 위성은 63개이다.

(7) 토성(Saturn)

토성은 고대 천문학자들이 알고 있던 5개의 행성 중에서 가장 먼 거리에 있던 행성이다. 1610년 갈릴레이가 자신이 제작한 망원경으로 역사상 처음 토성을 관찰하고 놀랐던 것은 행성 양쪽에 위성이 2개씩 있다는 사실이었다. 1659년 네덜란드의 천문학자 하위헌스(Christiaar Huygens)가 그것이 행성을 둘러싼 띠라고 발표했었다. 1675년에 이탈리아 태생 천문학자인 카시니(Jean Dominique Cassini)가 그 띠에는 칸이 있고 2개로 나누어져 있다는 사실을 발견하였다. 이들은 A-ring과 B-ring이라고 불리고 있다(위 사진에서도 분명히 볼 수 있다).

목성, 천왕성, 그리고 해왕성과 같이 토성도 가스상태의 거대한 행성이다. 그 가스는 주로 수소와 헬륨이며, 토성의 체적은 지구보다 755배나 크다. 적도 면의 상공에서는 초속 500m/s에 달하는 바람이 불고 있고, 행성 내부로부터 솟아 올라오는 열 때문에 노란 색 혹은 금색의 띠를 형성하고 있다. 토성을 돌고 있는 띠는 주로 얼음으로 구성되어 있고, 각 부분이 특유한 색을 갖고 있다. 이 색을 분석함으로써 그 성분을 알아볼 수 있는 것이다.

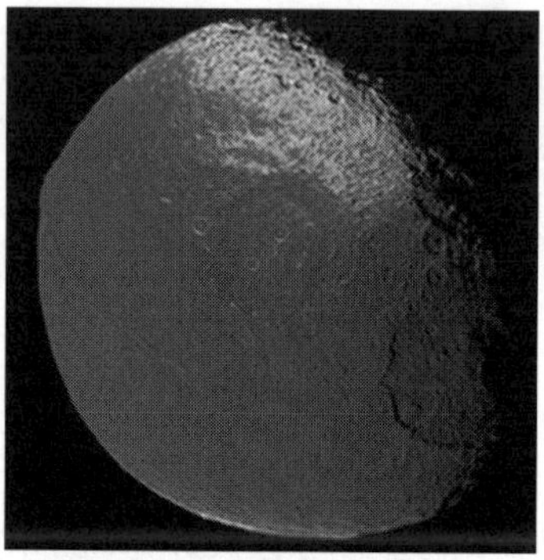
토성의 위성 이아페터스(Iapetus)

이아페터스는 토성의 위성 중에서 세 번째로 큰 위성이다. 표면의 대부분이 어두운 물질로 덮여 있고, 상위 부분은 빛을 반사하고 있어서 희게 보인다. 직경 약 1,500km의 거의 반 정도가 어두운 물질로 덮여 있고, 태양광의 5%도 반사하지 않는다. 표면에 덮여 있는 물질이 무엇인지 아직은 밝혀지지 않고 있지만 크레이터(crater, 행성 등의 표면에 움푹 패인 지형)라고 본다면 크레이터가 형성되고 난 후 퍼진 것으로 추측된다. 밝은 부분에는 설명할 수 없는 가늘고 긴 줄이 보인다. 적도 근처에 높이 13km인 묘한 능선이 있고, 바닥 부분에서 확인할 수 있으며, 이 능선이 적도와 평행을 이루고 있다. 이아페터스의 모양은 아직 확실하지 않지만 묘한 모양을 갖고 있고, 어딘가 호두와 비슷한 모양이다.

(8) 천왕성(Uranus)

천왕성은 밝은 구름으로 싸여 있고 11개의 띠가 있다. 뜨거운 구름층을 덮은 메탄가스로 인하여 녹청색을 하고 있다(사실은 메탄은 붉은색 빛을 흡수하고 청색 빛을 반사한다).

천왕성은 1781년 영국의 천문학자 윌리엄 허셜(William Herschel)에 의해 발견되었는데, 그는 처음에 혜성인 줄로 알았다고 한다. 이 7번째 행성은 워낙 태

양으로부터 멀리 떨어져 있어서 그 궤도를 한 번 도는 데 84년이 걸린다. 표면에 흑이 없고 거대한 가스로 된 행성이다. 대기는 수소와 헬륨으로 구성되어 있으며 약간의 메탄과 물 암모니아가 포함되어 있는 것으로 알려져 있다. 내부로 갈수록 밀도가 높아진다.

(9) 해왕성(Neptune)

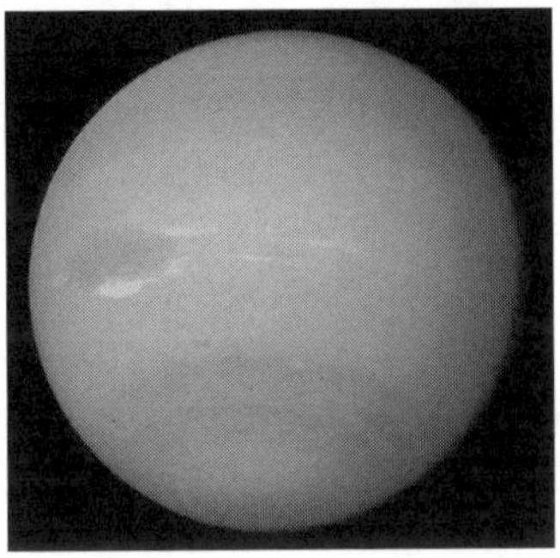

해왕성은 정상적인 관측에 의해서가 아니라 수학적으로 예측되었다. 두 수학자가 독립적으로 그 위치와 질량을 제시하면서 존재의 가능성을 예측한 것이다. 처음에 베테랑 천문학자들은 그 예측을 무시하였으나 젊은 천문학자 요한 갈레(Johann G. Galle)에 의해 1846년 해왕성이 발견되었다.

해왕성은 태양으로부터 약 45억 km 떨어져 있으며 165년마다 궤도를 한 번씩 돈다. 따라서 이 행성은 발견된 후 아직 한 바퀴도 돌지 못하였다. 2011년이 되어야 겨우 발견 이래 한 바퀴 돌게 되는 것이다.

재미있는 점은 10번째 행성인 명왕성이 비정상적인 타원궤도를 돌고 있기 때문에 태양에 더 가까이에 있는 9번째 행성인 해왕성이 10번째 행성인 명왕성보다 태양에서 더 멀어질 때가 발생한다는 것이다. 20년 동안 그렇게 되어 있다가 다시 명왕성보다 태양에 가까워진다. 이런 현상이 248년마다 되풀이한다.

(10) 명왕성(Pluto)

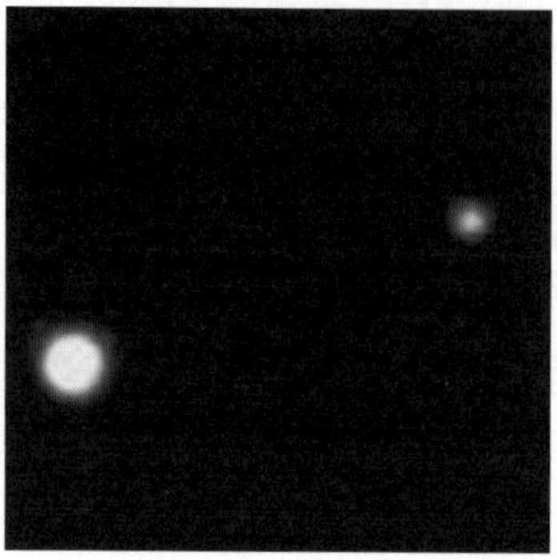

명왕성은 오랫동안 태양에서 가장 멀리 떨어져 있는 가장 작고 온도가 가장 낮은 행성으로 인식되어왔으나 해왕성의 궤도 밖에 있는 원판 모양의 영역을 돌고 있는 카이퍼벨트(Kuiper belt)라고 불리는 천체그룹 중 하나일 가능성이 있다. 이 영역은 적어도 직경 1,000km 안팎의 얼음 덩어리 수천 개로 이루어져 있다.

1930년 미국의 천문학자 톰보(Clyde Tombaugh)에 의해 발견되었다. 명왕성은 태양 주변을 248년 주기로 돌며, 최근 지구에 가장 가까이 온 것은 1989년이었다. 1979년과 1999년 사이에 명왕성은 그 긴 타원형 궤도에서 가장 태양에 가까운 부분을 돌았고 해왕성보다 태양에 더 가까이 있었다. 그로 인해 이 행성과 그의 동반위성 카론(Charon)을 연구하는 귀한 기회가 되었다.

1970년대부터 우리가 알고 있는 명왕성에 관한 정보는 지상에서의 관측과 적외선천문위성(IRAS, Infrared Astronomical Satillite) 및 허블(Hubble) 우주망원경에 의해 얻은 것이다. 그러나 핵심적 정보는 제어가능 우주항공 위성에 의한 더 세밀한 관측으로 얻을 수 있을 것이다(2006년 8월 파리에서 개최된 세계천문학학술대회에서 행성이 아닌 소행성(小行星)으로 격하되어 명칭도 134340으로 바뀌었다. 자세한 경위는 42~45쪽에 설명되어 있다).

(11) 기타(10번째 행성)

2003년에 발견된 10번째 행성 2003UB313은 1930년에 발견된 명왕성보다 약간 큰 지름인 3,000km임을 독일의 막스 플랑크(Max Planck) 전파천문학연구소팀의 태양선 흡수-방출량 측정결과 밝혀졌다. 2006년 8월에 국제천문학연맹(IAU) 총회에서 태양계의 10번째 행성으로 등록할지 결정하기로 했으나 결국 행성으로는 인정받지 못했다.

(12) 작은 물체들

암석 파편들이 태양 주변을 돌고 있으나 이들은 행성으로 인정되지 않았다. 그들은 카이퍼벨트라고 불리고 있는데, 아마 태양계가 형성될 때 떨어져나간 찌꺼기들로 추정된다. 앞으로도 천문학적으로 자세히 연구될 것으로 보인다.

위의 사진은 인공위성으로부터 찍은 것인데 그 뒤에 명왕성이 보인다.

(13) 유성(流星, Meteor)에 의한 크레이터

유성체(Meteoroid)가 지구대기권을 통과하여 들어올 때 공기와의 마찰로 가열된 상태로 밝은 꼬리를 그리며 떨어지는데 그 물체를 별똥별, 즉 유성(meteor)이라고 한다. 그리고 공중에서 완전히 타버리지 않고 지면까지 도달한 것을 운석(隕石, meteorite)이라고 한다. 과학자들은 크고 작은 운석이 하루에도 수천 톤이나 지구에 떨어지고 있다고 추정하고 있으며, 그것들은 대부분이 미시 유성 혹은 곡식 정도 크기의 먼지 같은 상태로 떨어지기 때문에 우리 눈에는 잘 보이지 않는다. 그들은 어디서 오는 것일까? 아마 우리의 태양계 내로부터 온 것으로 추정된다. 그 성분을 분석하면 알 수 있을 것이다. 많은 성분이 지구나 달의 것과 같고 어떤 것은 전혀 다르다. 또한 혜성(彗星)에서부터 온 것도 있다.

위의 사진은 미국 애리조나(Arizona)에서 발견된 것으로 직경이 1,186km나 되고 약 49,000년 전에 생긴 것이다. 암석분석, 방사선, 연대측정법 등을 이용하여 그 발생 연대를 알아낼 수 있다. 화성에도 이러한 크레이터가 많이 관측된다.

(14) 소유성(小遊星, Asteroid)

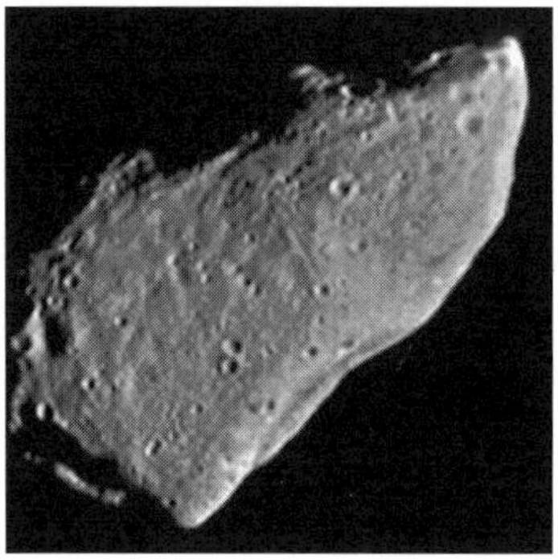

소유성은 약 50억 년 전에 태양계가 형성될 때 떨어져나간 암석 찌꺼기다. 이들의 대부분은 화성과 목성 사이에서 태양 주변을 돌고 있으며, 이 영역을 소유성대(Asteroid Belt)라고 한다. 직경이 940km에서 1km까지 다양하고 9만 개 이상 있다고 확인되어 있으나 아마 수백만 개 있는 것으로 추정된다. 그들은 타원궤도로 태양 주변을 돌고 있으나 목성의 중력이나 화성의 영향을 받고 그 궤도가 변하며, 그들 사이에서의 충돌로 인하여 운석으로 떨어질 수도 있다.

화성의 위성 포보스(Phobos)와 데이모스(Deimos)도 아마 이러한 소유성이 잡힌 것으로 추정된다. 그들이 지구에 떨어지면서 지질을 변화시키고 생명체의 진화에 영향을 주었으며, 6,500만 년 전에 디노사우르스(dinosaurs) 같은 공룡이 멸종되었을 것이라고 과학자들은 믿고 있다.

위의 사진에서 재미있는 것은 구형이 아니라 그야말로 돌멩이 같은 모양을 하고 있는 것으로 보아 태양계 형성과정에서 떨어져나간 찌꺼기라는 것을 단적으로 나타내고 있다.

(15) 지구와 유사한 행성 글리제(Gliese 581c) 발견

2007년 4월 26일 유럽 천문학자들이 외계에 지구와 유사한 행성을 발견했다고 발표했다. 그들은 남미 칠레의 안데스(Andes) 산 위에 설치된 유럽 관측소(European Observatory)에서 망원경 라 실라(La Silla)를 이용해 발견하였다. 이 태양계의 태양은 내부온도가 우리의 태양보다 50분의 1 정도밖에 되지 않고 크기도 우리 태양에 비해 3분의 1 이하이다. 적색왜성이며, 명칭은 잠재적으로 글리제 581로 정해졌다. 행성으로는 글리제 581b, 581c, 581d가 있는데, 그중에 글리제 581c가 우리 지구와 아주 많이 닮았으며 그 반지름은 지구반지름의 1.5배, 표면온도는 섭씨 0~40도, 질량은 지구보다 5배나 크다.

태양에 해당하는 글리제 581 주변을 13일 만에 돈다. 즉, 그 행성의 1년은 13일이다. 이것은 우리 시간으로 재면 그렇다는 뜻이다. 사진에 나타난 밝은 별이 바로 글리제 581계이다. 지구로부터의 거리는 약 20.5광년이다. 표면온도가 섭씨 0~40도이므로 물이 액체상태로 존재할 것으로 생각되며, 따라서 어떤 형태일지라도 생명체가 존재할 것이다. 글리제 581은 그 은하 속에서 무척 오래된 별로 추측된다.

여기서 각 행성들의 거리, 크기, 질량, 자전시간 등을 표에 나타내보기로 하자.

행성	태양으로부터의 거리(억km)	직경(km)	질량(지구질량)	자전시간(일)
수성	0.5791	4,878	0.0553	58.65일
금성	1.082	12,102	0.8149	243.0일
지구	1.500	12,756	1	1일
화성	2.279	6,786	0.1074	24.62시간
목성	7.783	142,80	318	9.84시간
토성	1.427	120,660	95.15	10.23시간
천왕성	28.7	51,118	14.531	17.25시간
해왕성	44.97	49,500	17.135	16.1시간
명왕성	59.13	2,300	0.0022	6.39시간

2.3 해왕성 발견과 명왕성의 명예 실추

해왕성은 두 수학자 프랑스인 위르뱅 르 베리에(Urbain Le Verrier)와 영국인 애덤스(John Couch Adams)가 독립적으로 그 위치와 질량을 제시함으로써 존재 가능성을 예측한 것이다. 처음에 베테랑 천문학자들은 그 예측을 무시하였으나 베를린 관측소의 젊은 천문학자 요한 갈레가 르 베리에의 부추김에 따라 그 행성을 찾아보려고 결심하였다. 그 결과 1846년 해왕성이 발견되었고, 17일 후에는 그의 가장 큰 위성 트리톤(Triton)도 발견되었다.

원래 행성들은 태양에 의한 만유인력, 즉 중력에 의해 궤도운동을 하는데, 주변에 있는 딴 행성으로부터 오는 중력영향도 받는다. 이런 것들을 다 고려하여 뉴턴역학으로 운동방정식을 풀면 정확한 행성의 궤도운동을 얻을 수 있다. 그런데 그 당시 태양으로부터 가장 먼 거리에 있는 천왕성의 궤도운동에 있어서 모든 행성의 중력영향을 고려하여 얻은 계산치와 관측치 사이에 작은 불일치가 있다는 사실을 알게 되었다.

애덤스는 1843년 케임브리지(Cambridge)대학 존스칼리지(John' s College)를 졸업하였는데, 최종 졸업시험을 치르고 난 후 바로 천왕성의 궤도에 약간 이상이 있다는 사실을 알고 태양계의 각 행성들로부터 오는 중력영향을 더 정밀하게 계산하기로 하였다. 그 결과 천왕성 바깥에 또 하나의 행성이 있어야 천왕성의 궤도운동에 대한 관측치와 일치하는 답을 얻을 수 있다는 결론에 도달하였다. 1845년 9월 중순 케임브리지대학 천문대의 제임스 챌리스(James Challis)에게 그 결과를 알렸다. 그러나 챌리스로부터 아무 소식이 없자 그리니치(Greenwich) 왕립천문대의 조지 에어리 경(Sir George Biddell Airy)을 두 번씩이나 방문하였다. 그러나 그를 만나지 못했고 할 수 없이 상세한 계산은 빼고 간단한 결과만 기술한 노트를 남기고 왔다. 에어리는 애덤스에게 몇 가지 불투명한 점을 묻는 편지를 보냈는데, 애덤스는 그 질문에 대해 완벽한 답을 제시하지 못했다.

이러한 상황에서 1845년 11월 10일에 파리에 있는 프랑스 한림원(Académie des Sciences) 왕립천문대의 보고서에 프랑스 천문학자 르 베리에의 논문이 실렸다. 그것은 애덤스의 연구와 거의 같은 내용이며 같은 결과가 기재되어 있었다. 이것을 보고 에어리는 충격을 받았다. 그는 1846년 7월 9일 제임스 챌리스에게 철저한 조사를 강력히 청하였다. 7월 29일에 연구조사가 시작되었고, 챌리스는 1846년 8월 8일과 12일 이론적으로 예측된 위치에 미확인 천체를 망원경으로 발견하였으나 영국에는 개정된 정확한 최신 별자리지도(星圖, astronomical map)가 없었기 때문에 불행하게도 그 천체를 행성으로 인증할 수 없었다. 그러나 르 베리에의 부추김에 따라 베를린천문대의 갈레는 1846년 9월 23일 이론적으로 예측된 위치에 8등급의 작은 별을 관측하는 데 성공하였고 그것이 고유 운동을 하는 천체임을 확인하였다. 또한 정밀한 별자리지도와 비교하여 그것이 아직 기록되어 있지 않은 행성임을 인증하여 공적으로 보고하였다. 실질적으로 영국의 애덤스와 챌리스가 먼저 발견하였음에도 불구하고 정밀한 최신 별자리지도가 없었기 때문에 새로운 행성임을 입증하지 못하여 발표가 늦었고, 그 사이에 확실한 결과를 발표한 프랑스와 독일의 천문학자들에게 발견의 영예가 돌아간 것이다.

이 사건은 거물 천문학자 에어리가 게을러서 애덤스의 논문을 철저하고 신속하게 검토하지 않아 시간만 낭비하였고, 또한 최신 별자리지도가 없었기 때문에 일어난 일이었다. 물론 에어리가 논문 중에 이해할 수 없는 부분이 있어서 애덤스에게 질문을 하긴 하였으나 애덤스는 에어리가 납득할 수 있는 답을 보내지 않았기 때문에 애덤스에게도 책임이 있다. 에어리는 르 베리에에게도 같은 질문을 하였는데 르 베리에는 에어리를 충분히 납득시킬 수 있는 답을 보냈다.

과학계에서는 이러한 상황이 때때로 일어난다. 최초로 중요한 현상을 발견하였는데도 세상에 잘 알려지지 않고 후에 다른 사람에 의해 재발견되어 결국은 나중에 재발견한 사람이 유명해지고 그 사람이 그 업적으로 인정받게 되는 경우다. 또 역사에 남은 유명한 화가나 음악가가 생전에는 별 인정도 받지 못하다가 세상을 떠나고 난 후에 그 뛰어난 예술성이 인정받게 되는 경우도 많다. 이런 일들은 결국 운명이라고 할 수밖에 없는 것 같다.

존 카우치 애덤스(John Couch Adams, 1819. 6. 5~1892. 1. 21)

애덤스는 영국 콘월(Cornwall)의 랜이스트(Laneast)에서 가난한 농부의 아들로 태어났다. 1836년 그의 모친이 베드할릭(Badharlick)에 있는 작은 땅을 상속받게 되어 그는 케임브리지대학에 진학할 수 있게 되었다. 1859년부터는 케임브리지

대학에 로운딘 석좌교수(Lowndean Professor)로 33년간 근무하였다. 1881년 왕립천문학회 회원으로 추대한다는 제의를 받았지만 그는 케임브리지대학에서 강의와 연구로 평온한 생활을 보내고 싶다는 이유로 고사하였다. 이것은 그의 겸손한 성격을 나타내는 사건이다. 또한 그는 해왕성 발견에 관하여 다음과 같은 글을 남기고 있다.

"내 연구결과가 르 베리에의 논문과는 독립적이고, 또한 그것보다 먼저 얻어진 것이지만 그의 발견의 영예에 찬물을 끼얹을 생각은 전혀 없으며, 그의 연구결과가 세상에 제일 먼저 출판된 것은 명백하고 그것이 갈레 박사의 실질적인 해왕성 발견에 이어졌다는 사실은 논란의 여지가 없습니다. 따라서 위에서 말한 것이 르 베리에의 선취권을 조금도 깎아내리지 않습니다."

죠지 비델르 에어리(Sir George Biddell Airy, 1801. 7. 27~1892. 1. 2)

에어리는 영국의 알른위치(Alnwich)에서 태어났고 농부 아버지에게서 자랐다. 히어퍼드(Hereford)에서 초등학교를 다녔고, 콜체스터 왕립중학교(Colchester Royal Grammer School)를 거쳐 1819년 케임브리지대학 트리니티칼리지(Trinity College)에 근로장학생으로 입학하였다. 1822년 우수학생으로 뽑혔고, 1823년에는 첫 번째 스미스상(Smith' s prize)을 받았다. 1824년에는 특별연구원(Trinity Fellow)에 뽑혔으며, 1826년 12월에 수학과의 루캐스 석좌교수(Lucasian Professor)로 임명되면서 동시에 새로

건설된 케임브리지대학 천문관측소 소장이 되었다. 이 관측소에는 12인치 대물렌즈 망원경이 설치되어 있으며, 그는 이 망원경을 이용하여 행성을 관측하고 지구와 금성의 운동에 대하여 드람블의 태양계표(Delambre' s solar table)에 작은 오차가 있는 것을 발견하였다.

1835년 6월 왕립천문학회 회원이 되었고, 1826년 깊은 탄광의 갱도 입구와 바닥에서 진자(振子, pendulum)를 이용하여 지구의 평균밀도를 측정하였으나 첫 번째와 두 번째 실험(1828년)은 실패하고 말았다. 하지만 1854년의 세 번째 실험은 성공하였고, 갱도 바닥에서의 중력은 383m 높이에 있는 입구에서의 값보다 1/19,286 만큼 크게 나왔다. 이 결과로 그는 지구의 평균밀도를 6.566g/m³으로 계산해냈다. 현재의 실제 값은 5.5153g/m³로 알려져 있다.

위르뱅 르 베리에(Urbain Jean Joseph Le Verrier, 1811~1877)

르 베리에는 1811년 3월 11일 프랑스 노르만디 지방의 상로(Saint-Lô)에서 지방 공무원인 아버지 밑에서 태어났다. 에콜 폴리데크니크(Ecole Polytechnique)를 졸업하여 1837년 그곳에서 교수가 되었다. 1854년 파리 천문대 대장으로 임명된 그는 주로 행성의 타원궤도에 관한 연구를 하였다. 1868년과 1876년에 영국 왕립천문학회에서 주는 금메달을 수여받았다. 1877년 파리에서 사망하였고, 몽파르나스 묘지(Cimetiere Montparnasse)에 안치되었다. 그는 에펠탑에 기록된 72명 중의 한 사람이다.

요한 고트프리드 갈레(Johann G. Galle, 1812. 6. 9~1910. 7. 10)

독일의 라디스(Radis)에서 태어났고, 1830~1833년까지 베를린대학에서 공부하였다. 1835년 요한 프란츠 엔케(Johann Franz Encke)의 조수로 일하다가 베를린 천문대가 완성되자 그곳에 옮겼다. 1851년 폴란드의 브레슬라우(Breslau)대학의 천문학과 교수가 되어 그곳의 천문대 대장을 역임하였다. 주로 혜성을 관측하였다.

클라이드 톰보(Clyde William Tombaugh, 1906~1997)

톰보는 1906년 2월 4일에 미국 일리노이(Illinois) 주의 스트리터(Streator)에서 태어났다. 그의 가족들이 캔자스주에 이사한 후 첫 번째 망원경을 제작하였고, 목성과 화성에 관한 관측결과를 로우엘(Lowell)관측소에 보냈는데, 이것으로 인해 1929~1945년까지 그 관측소에서 일할 수 있게 되었다. 그 후 캔자스대학과 북애리조나대학으로부터 천문학 학사학위를 받았다. 1955년부터 1973년 퇴임할 때까지 뉴멕시코 주립대학에서 천문학을 강의하였다. 1997년 뉴멕시코의 라 크루스(La Cruces)에서 사망하였다.

2006년 8월에 개최된 세계천문학회의에서 명왕성을 행성으로 인정하지 않는 것으로 결정하였다. 그 이유는 행성이란 다른 행성에 중력영향을 주는 경우

명왕성 발견시 톰보가 사용한 13인치짜리 사진 건판

에만 인정되는데, 명왕성은 거의 영향을 주지 못한다는 것이다. 뿐만 아니라 그 명칭도 명왕성이 아니라 '134340'이라는 숫자로 바뀌게 되었다. 이 결정은 명왕성에 치명적이며 불명예스러운 일이다.

뒷 이야기로는 미국과 유럽의 천문학자들 사이의 세력 다툼의 희생양이라고도 한다. 1930년 명왕성을 발견한 클라이드 톰보가 미국인이었으므로 세계 천문학계에서 미국의 세력이 커지는 것을 유럽 세력들이 그다지 곱게 보지 않고 있기 때문이라고 한다.

명왕성은 1930년 2월 18일에 발견되었다. 그리고 명왕성(Pluto)이란 명칭은 당시 11살인 영국의 초등학생 베네티아 버니(Venetia Burney)가 지은 것인데 1930년 5월 1일에 공식적으로 채택되었다. 그러나 1990년이 되면서 카이퍼벨트(Kuiper belt)에 많은 얼음 덩어리가 발견되기 시작하였고, 명왕성이 행성이라고 보기 어렵게 되어 그 얼음 덩어리 중의 가장 큰 것이라고 알게 된 것이다. 뿐만 아니라 최근에 명왕성보다 더 큰 것도 발견되었다. 이러한 상황에서 2006년 8월 24일 국제천문연맹(IAU, International Astronomical Union)이 명왕성을 소유성에 편입시켰다.

국제천문연맹의 결정에 톰보의 미망인 파트리시아(Patricia)는 다음과 같이 말했다.

"클라이드는 명왕성이 그 행성으로서의 지위를 상실하는 것을 평생 반대해 왔기 때문에 이 결정에 아주 실망했을 것이다. 그러나 클라이드가 살아 있다면 그는 과학자로서 사정을 잘 이해하고 이제 그 결정을 받아들였을 것이다."

2.4 그리스인들이 본 태양계

그들은 우주에 많은 관심을 갖고 있었고, 이미 이집트시대에 많은 천문지식의 유산이 전해졌기 때문에 그들은 나름대로 우주관을 갖게 되었다. 여기서 유의해야 할 점은 고대 이집트에서는 관념적으로 우주관을 형성하였고 종교와 깊은 관계가 있었다. 즉, 샤머니즘적 우주관이다. 반면 그리스에서는 종교를 떠나서 보다 객관적 사고에 토대를 두고 천체를 관측하였던 것이다. 그러나 관측에는 물론 한계가 있었고, 육안으로 관측한 결과를 가지고 그들의 우주관을 구축했다.

그리스의 과학은 근대과학의 뿌리라고도 한다. 그 이유는 자연을 객관적으로 보았기 때문이다. 자연과학은 어디까지나 자연을 객관적으로 파악하며 주관적 견해를 배제한다는 점에 그 본질이 있다. 그리스 이전의 자연관에는 주관적 요소가 많이 포함되어 있었다. 그리스 과학, 즉 자연철학은 밀레토스(Miletos)학파로부터 시작하였다고 할 수 있다. 밀레토스는 소아시아

서안에 위치한 이오니아(Ionia) 지방의 고대 상업도시이며, 흑해연안에서 활발한 식민활동을 폈었다.

앞의(47쪽) 지도는 3000BC~800BC경의 그리스를 나타내고 있다. 밀레토스는 이오니아, 즉 기다란 섬 이오네스(Iones, 지도에서 Aegean sea라고 적혀 있는 부분의 왼쪽에 있는 기다란 점)의 하단 끝부분에 위치한 도시이다. 애게(Aege)해를 통하여 아세아, 즉 미디아(Midia), 리디아(Lydia), 카리아(Karia)와 교역을 하였고 또한 이집트와도 활발한 교역을 하고 있었다. 따라서 타 민족의 문화를 쉽게 접할 수 있다는 유리한 위치에 있었던 것이다.

밀레토스 태생인 탈레스(Thales, BC 624~BC 546)는 자연의 근본적인 요소는 물이라고 주장하였다. 그 당시 우주 속의 모든 물질을 구성하는 원소가 무엇이냐 하는 문제로 많은 학자들이 의견을 제시하였다. 대체로 물, 불, 공기, 흙 같은 것을 기본 요소로 들었다. 그것들이 어떻게 결합하여 가시적 물질을 형성하는가 하고 그들은 생각하였다. 답을 내기 위해서는 과학적 논리가 필요하며 입증되어야 한다. 이러한 상황에서 그들은 객관성과 논리성, 즉 합리성을 추궁하는 학문적 풍토를 조성해나갔다.

탈레스는 기하학을 연구하면서 해상에 떠 있는 배에서 육지로부터의 거리를 측정하였으며, 또한 피라미드의 높이를 그 그늘을 토대로 산출하기도 하였다. 이러한 실증적 사고방식의 발전에 의해 우주에 대한 이해를 구축해갔다.

(1) 피타고라스(Pythagoras, 569BC~475BC)의 우주

피타고라스는 '피타고라스의 정리'로 유명하지만 만물의 본질은 수(數)이고,

수학은 종교이며, 신(神)은 기하학자라고 주장할 정도로 수치로 만물의 상을 표시하는 것에 심취하였다. 그의 우주관은 당시 태양계에 한정되어 있었고, 중심부에 불이 있다고 하여 그 주변에 태양도 포함한 행성들이 돌고 있는 것으로 추정하였다. 그래서 행성들의 위치를 다음과 같이 보았다.

중심부의 불 ⇨ 지구 ⇨ 달 ⇨ 태양 ⇨ 수성 ⇨ 금성 ⇨ 화성 ⇨ 목성 ⇨ 토성

지구, 달, 태양을 빼고는 대체로 실제 위치와 맞다. 또 하나는 태양계의 중심에 불을 놓았다는 점이다. 지구는 그 주변을 돌고 있다. 즉, 지동설을 주장한 것이다. 코페르니쿠스(Nicolaus Copernicus)의 지동설은 중세기에 나왔다. 이렇게 보면 후세대 우주관의 모델은 고대 그리스시대의 우주관에서 찾을 수가 있는 것이다.

여기서 흥미로운 것은 이미 토성까지 알고 있었다는 사실이다. 물론 그들은 망원경도 없었고, 다만 육안으로만 관측하였는데 정말로 놀라운 일이다. 또 하나 우리가 주목해야 할 것은 피타고라스가 수차로 만물을 표시할 수 있다고 믿고 있었다는 점이다. 이것은 모든 것을 객관적으로 이해하려 했다는 점에서 중요하다. 자연은 객관적 존재라는 뜻을 지니고 있는 것이다.

(2) 아리스토텔레스(Aristoteles, BC384~BC322)의 우주

고대 그리스의 가장 위대한 학자로 평가받고 있는 아리스토텔레스는 그의 저서 《하늘에 관하여(De Caelo)》에서 "왜 우주의 구조가 지금의 구조를 갖고 있어야 하는가"를 설명하고 있고, 또한 《물리학(Physica)》의 제2권에서 "우주의 모양

은 하나의 구"라고 기술하고 있다. 이러한 기술은 관찰이나 증명 없이 제시된 것으로 형이상학에 지나지 않는다. 그의 논리는 과학적이라기보다 철학적이고 어떤 면에서 피타고라스보다 관념적이라고 할 수 있다.

이 그림은 라파엘(Raphael)이 그린 아리스토텔레스이다. 실제로는 아래에 나타낸 라파엘의 프레스코화 '아테네 학교(The school of Athens)'의 일부인데 아리스토텔레스는 그림의 중심부에 그려져 있고, 그의 스승인 플라톤(Platon)과 뭔가 대화하고 있다.

아리스토텔레스의 우주관은 천동설이다. 즉, 지구는 고정되어 있고 하늘이

돌고 있다는 것이다. 피타고라스가 지동설을 주장하였는데도 불구하고 다시 거꾸로 돌아간 것이다. 그가 그 시대에 가장 위대한 영향력을 가진 학자였으므로 그의 학설은 중세기까지 지속적으로 계승되어 전파되고 결국은 자연과학의 발전에 커다란 장해가 되었다. 여기서 흥미로운 것은 우주가 유한하다는 것이다. 이 점은 현대천문학에서 밝혀낸 결과와 일치한다.

아리스토텔레스는 고대 그리스의 대학자이며 철학자 플라톤의 제자였다. 방대한 종합적 철학을 수립하고 체계화하였다. 그의 스승과 마찬가지로 아테네(Athene)에 리케이온(Lykeion)이라는 학당을 설립하여 제자를 키우면서 《형이상학》, 《정치학》, 《시학(詩學)》 등 많은 저서를 남겼다. 8권으로 구성되어 있는 《물리학》 제2권에는 운동에 관해 기술하고 있는데, "무거운 것은 가벼운 것보다 밑으로 간다"라고 말하고 있다. 즉, 무거운 것이 가벼운 것보다 더 빨리 떨어진다는 것이다. 이것은 16~17세기 갈릴레이에 의해 낙하운동에 관한 법칙이 발견되기 전까지 수많은 학자들이 그대로 믿고 있었던 대목이다.

실제로는 무게와 관계없이 모든 물체는 공기의 저항력이 없을 때 지구의 중력을 똑같이 받고 같은 속도로 지상에 떨어진다. 예를 들면 타조의 털과 철 덩어리를 같은 높이에서 동시에 떨어뜨리면 지면에 동시에 떨어진다. 결국은 아리스토텔레스는 자연을 올바르게 이해하고 있지 않았다는 것이다. 자연과학에서 형이상학이 얼마나 위험한지를 나타낸 좋은 예라고 할 수 있다.

또한 제4권에 "진공은 절대로 존재하지 않다"라고 기술하고 있는데, 이 문제는 약간 미묘한 내용을 내포하고 있어서 단순한 문제는 아니다. 고전 물리학에서는 진공은 물질이 없는 상태이므로 공기 중의 가스를 제거하면 되는데, 현대 과학기술로도 절대진공을 만들기가 쉽지 않다. 즉, 절대진공을 얻기가 거의 불가능하다. 그러나 그것은 기술적 문제이며, 개념적으로 절대진공이 존재하는가 존재하지 않는가는 별개 문제다. 20세기 이전에는 절대진공이 존재한다고 믿고 있었으나 양자역학이 창시되고 난 후부터는 진공에 대한 개념이 근본적으로 바뀌었다. 진공은 단순히 물질이 없는 상태라고 할 수 없다. 하지만 이 책에서는 이 문제에 대해 더 이상 언급하지 않기로 한다.

아리스토텔레스의 우주는 다음과 같다.

지구 ⇨ 달 ⇨ 태양 ⇨ 수성 ⇨ 금성 ⇨ 화성 ⇨ 목성 ⇨ 토성

이것은 피타고라스의 우주관에서 중심에 있던 불을 빼면 똑같다. 우주 중심에 지구가 고정되어 있기 때문에 완전히 천동설이다.

플라톤(Platon, 427BC~347BC)은 아테네의 명문집안 출신인 철학자이다. 소크라테스(Socrates)의 제자이며 관념론을 폈다. 이데아(Idea)론은 영원하고 불변한 실체로서의 이데아(idea)를 인식하는 것이 진리를 아는 것이라고 주장한다. 그 예로서 원을 생각해보자. 완전한 원을 본 적이 없음에도 불구하고 우리는 머릿속에서 완벽한 원을 인식하고 있다. 그것이 가능하게 되는 것은 우리가 이성을 갖고 있기 때문이다. 이러한 논리가 바로 플라톤의 철학이다. 또한 그는 철인정치(哲人政治)를 국가통치의 모델로 제시하였고, 민주주의로 나가는 조국 아테네를 더 이상 구할 수 없는 절망적 국가로 보았다. "이성적 사유(理性的 思惟)에 의해 이데아를 파악한다"는 그의 철학방법은 후학들에게 많은 영향을 미쳤다.

(3) 사모스(Samos)섬의 아리스타르코스(Aristarchos, BC 310~BC 230)

그리스의 테살로니키(Thessaloniki)에 자리 잡은 아리스토텔레스대학에 있는 아리스타르코스 상(像).

아리스타르코스는 아리스토텔레스보다 늦게 태어났지만 자신의 우주관을 제시하였다. 그는 지동설을 주장하였고 지구의 자전과 공전(公轉)을 제창하였다. 그의 저서는 남아 있지 않지만 아르키메데스(Archimedes)의 저서 《사산법(Psammites, 砂算法)》에 "아리스타르코스는 태양 같은 행성은 움직이지 않고, 지구는 태양 주변을 원 궤도로 회전하고 있다고 추측하였다"라고 기술하고 있다.

또한 아리스타르코스는 「태양과 달의 크기와 거리에 관하여」라는 논문에서 "지구로부터 태양까지의 거리는 지구로부터 달까지 거리의 18배보다 크고 20배보다 작다"라고 언급하고 있다. 그의 답은 실제 거리인 약 400배와는 큰 차이를 보이고 있지만 그것은 측정한 각도 값이 정확하지 않았기 때문이다. 그러나 그 당시에 이러한 값을 계산했다는 자체가 놀라운 일이 아닐 수 없다.

여기서 또 하나 놀라운 일은 태양 중심의 우주관을 갖고 있었는데, 그의 우주는 현재 우리가 알고 있는 태양계와 완전히 일치한다는 점이다. 물론 토성까지만 인식하고 있었으나 행성의 배치가 정확하다. 즉, 다음과 같다.

태양 ⇨ 수성 ⇨ 금성 ⇨ 지구 ⇨ 화성 ⇨ 목성 ⇨ 토성

후에 코페르니쿠스가 처음으로 지동설을 제창하였다고 역사 교과서에 쓰여 있으나 사실은 피타고라스와 아리스타르코스가 처음으로 지동설을 제창한 것이다. 여러 면에서 그는 뛰어난 과학적 정신과 올바른 자연관을 갖고 있었던 것으로 보인다.

(4) 히파르코스(Hipparchos, BC 190~BC 125)의 우주

히파르코스는 그 당시 모든 학문을 집대성하여 체계화한 대학자로 인정받고 있던 아리스토텔레스의 우주를 절대적으로 받아들였는데, 화성을 상세히 관찰한 결과 화성이 불규칙하게 운동한다는 것을 알게 되었다. 즉, 화성이 우주의 중심인 지구(천동설에 입각한 우주관을 갖고 있었기 때문에) 주변을 회전하면서 그 위치가 약간씩 이동하는 현상이다. 만약에 행성들이 천체에 완전히 고정되어 있고 천구가 회전한다면 이러한 불규칙운동은 있을 수 없다. 왜냐하면 행성들은 지정된 궤도상을 규칙적으로 움직이기 때문이다. 이 현상을 설명하기 위해 히파르코스는 주전원(epicycle, 행성들이 공전궤도상에 움직이는 것을 관측하면 지구의 운동 때문에 약간 앞뒤로 움직이는 현상이 나타나는데 이것을 이해하기 위해 공전궤도를 중심으로 작은 원운동을 인위적으로 도입하였다. 이 원을 주전원이라고 한다)을 도입하게 되었다.

주전원이란 화성이 지구 중심으로 한 궤도상을 돌면서 그것이 그 궤도상의 어떤 점을 중심으로 작은 원을 그리는데, 그 작은 원을 말한다. 따라서 화성은 나선운동을 하게 되는 것이다. 이렇게 하면 때때로 화성이 뒤쪽으로 움직이는 경우가 발생하고, 결과적으로 불규칙운동을 만들어낼 수 있는 것이다.

그러나 화성운동을 설명하는 데에는 문제가 없었지만 다른 행성들도 이러한 불규칙운동을 하는데 그것을 다 설명하기 위해 행성마다 고유의 주전원을 각각 도입한다는 것은 비합리적이다. 무수한 주전원을 도입하면 천체운동을 설명하기가 너무나 복잡하여 통일적으로 이해하기가 불가능하다. 결국 이런 방법으로 천체운동을 설명하려는 시도는 실패하고 말았다.

한편으로 그의 최대 발견은 춘분점(春分點)과 추분점(秋分點)이 이동하는 현상

이다. 히파르코스는 화성의 이러한 이동은 1년에 36″ (1″는 각도 1도의 3600분의 1이다)라고 계산하였다. 실제로는 50″인데, 17세기에 뉴턴(Newton)이 그의 저서 《프린키피아(Principia)》에서 증명하였다.

(5) 프톨레마이오스(Claudius Ptolemaios, 생물연도 불명)

고대 그리스에서 활약한 학자들이 우주관을 각자 수립하였는데 그것을 집대성한 학자는 프톨레마이오스이다. 그는 AD 140년경 알렉산드리아에서 활약한 천문학자이며, 지리학자로 알려져 있다. 그는 《알마게스트(Almagest)》를 집필하였는데 이 책은 가장 큰 영향력을 발휘한 천문학서이다.

그는 아리스타르코스의 태양 중심설을 알고 있었으나 그 설을 부정하고 천동설을 지지하였다. 아마도 아리스토텔레스의 영향을 받은 것으로 추측된다. 천체는 지구가 우주의 중심에서 약간 떨어진 위치에 고정되어 있고, 그 주변을 달, 수성, 금성, 태양, 화성, 목성, 토성, 항성(별자리의 별)들이 회전하는 것으로 기술하였다. 지구를 천체의 중심에서 약간 떨어진 위치에 가져다놓았다는 점이 아리스토텔레스와의 차이점이다.

또한 그는 제3의 주전원을 도입하여 태양, 행성, 달 등의 불규칙운동을 설명하려 하였다. 그러나 《알마게스트》에는 주로 각각의 천체운동을 수학적으로 설명하는 데 중점을 두고 있고, 우주 전체상에나 그 물리적 설명에 대해서는 거의 논하고 있지 않다.

이 사실은 그 당시 학자들은 이미 수학에 능통하였고 수학적으로 문제를 해결하려고 하는 경향을 나타낸 것이다. 어쨌든 프톨레마이오스는 고대 그리스의 천문학을 집대성하였다. 그럼에도 불구하고 자기 자신의 우주관에 보수적인 면을 나타냈다.

《알마게스트》는 로마제국이 구축되고 기독교가 압도적 세력을 갖게 되자 그 존재가 점점 잊어져갔는데 그것이 아랍어로 번역됨으로써 아랍세계에 커다란 영향을 주게 된다. 아랍 학자들이 그 책을 토대로 천체에 관한 연구를 정력적으로 추진하게 되었다. 유럽에서의 중세기는 자연과학의 암흑시대였으나 아랍세계에서는 천문학과 수학 등 눈부신 발전을 이룩하게 되었다.

2.5 고대 그리스인들의 천체거리 측정법

여기서 고대 그리스인이 달까지의 거리와 지구 반지름을 알아낸 기발한 방법을 살펴보기로 한다. 고대 그리스에는 특별한 기기가 있지 않았기 때문에 천체를 다 육안으로 관측하였다. 이러한 상황에서 천체까지의 거리를 알아내는 것은 쉬운 일이 아니었다. 그들은 어떻게 해서라도 저 하늘에 보이는 달까지의 거리를 알고 싶어 했다.

그들은 먼 거리에 있는 나무를 보고 그 나무까지의 거리를 육안으로 쟀는데, 그것은 어떤 방식에 의해 이루어졌을까? 아래 그림에 나타낸 것처럼 각도(이 각도를 시각(視角)이라고 한다)를 재고 머릿속에서 기하학적 계산을 하는 것이다.

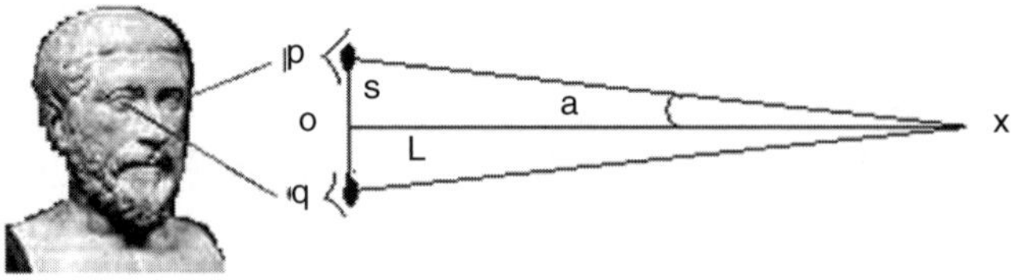

눈 사이의 간격, 즉 p에서 q까지의 거리를 2s라고 하고 시각을 a라고 하자(실제로 눈으로 잰 각도는 2a). 각도 a가 같은 직각삼각형은 얼마든지 축소판을 만들 수 있다.

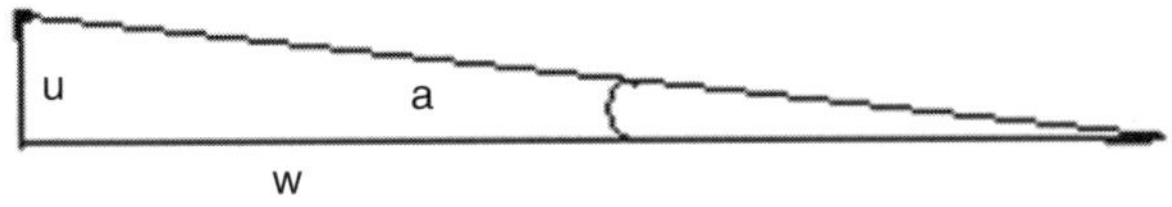

이 사실을 상사성(相似性)이라고 하는데, u와 s 사이의 배수는 w와 L 사이의 배수와 같기 때문에 u와 w를 알면 L 값을 알아낼 수 있게 되는 것이다.

이러한 일들은 일상생활에서 늘 하고 있는 일이다. 차로 좁은 길을 가는데 맞은편에서 다른 차가 오고 있다면 서로 지나갈 수 있는지 눈으로 길 폭을 재보게 된다. 그때도 위에서 말한 방식으로 머릿속에서 계산하는 것이다.

이 방식은 천체의 거리측정에도 응용할 수 있다. 고대 그리스인들은 그렇게 해서 천체거리를 알아내었다. 물론 천체의 경우에는 그 크기도 거리도 모르기 때문에 천체까지의 거리를 알아내는 것은 그리 쉽지 않다. 그러면 고대 그리스인들이 어떻게 측정했는지 알아보기로 하자.

(1) 아리스타르코스(Aristarchus)의 방법

아리스타르코스는 지구로부터 태양까지의 거리를 알고 싶어 했다. 그는 달을 우선 관찰하였다.

달은 태양의 빛으로 환하게 보이며 태양의 빛이 없으면 어둡게 된다. 또한 달은 반드시 밤에만 보이는 것이 아니고 경우에 따라 낮에도 보인다. 해가 아직 서쪽에 있을 때 달이 바로 우리의 머리 위에 있는 것을 확인하고(이때 달은 완전히 반이 되어 있다) 달-지구와 태양-지구 사이의 각도를 측정한다. 이 각도가 바로 시각이고, 위에서 설명한 방식에 의해 지구-태양 사이의 거리를 알아낼 수 있다. 다만 지구-달 사이의 거리를 알아야 하는데, 그것은 이 시점에서 모르기 때문에 그 비율만 알게 된다. 즉, 태양-지구간 거리는 지구-달간 거리의 몇 배인지를 알게 되는 것이다.

그가 사용했던 방법을 다음 그림에 나타내었다. 즉, 달이 완전히 반으로 보일 때 태양이 보이는 각도를 잰다. 그 각도는 87도였다.

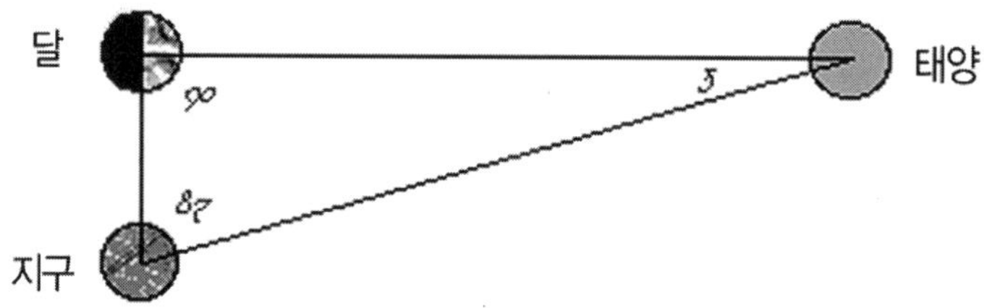

삼각형은 각도만 잡으면 확대하든 축소하든 달-태양 간 거리와 달-지구 간 거리, 그리고 지구와 태양 간 거리들 사이의 비는 다 같다. 따라서 적당한 크기로 삼각형을 그려서 지구-달 간의 길이와 지구-태양 간 길이의 배율을 재면 어떤 크기의 삼각형에서 얻은 배율과 같으므로 결국은 원하는 답을 얻을 수 있게 된다. 이렇게 하여 아리스타르코스는 시각을 87도로 측정하였고, 결국은 태양-지구 간 거리는 달-지구 간 거리의 약 19배로 결정지었다.

물론 이 값은 실제 값(약 400배)에 비하면 터무니없이 작지만 태양까지의 거리를 정량적으로 알아내려고 한 시도는 놀라운 일이다. 그의 답이 실제 거리인 약 400배와 큰 차이를 보인 것은 측정한 각도 값이 정확하지 않았기 때문이다. 하지만 이러한 시도가 가능했던 것은 고대 그리스인들이 이미 상당한 수준의 수학 지식을 갖고 있었기 때문이다.

거리의 비율이 400배라고 알았다고 해도 우리가 태양까지의 거리를 알기 위해서는 우선 달까지의 거리를 알아야 한다. 그 방법은 고대 그리스의 학자 히파르코스(Hipparchus)가 제시하였다.

(2) 지구와 달 사이의 거리를 측정하는 히파르코스의 방법

히파르코스의 방법을 살펴보자. 월식은 달과 태양 사이에 지구가 들어가서 태양의 빛을 가리기 때문에 달이 초승달 혹은 완전 월식이 일어나는데, 달이 지구의 그늘에 들어가서 나올 때까지 달이 그늘에 머물고 있는 각도를 측정한다. 이 각도는 달에서 지구를 보는 각도와 같다. 따라서 지구의 직경 혹은 반지름을 알면 지구와 달 사이의 거리를 알게 되는 것이다(《우주의 비밀》, 제2장 참조). 지구의 직경은 여러 가지 방법에 의해 알 수가 있기 때문에 문제는 해결된 것이다.

히파르코스는 이러한 방법을 이용하여 지구-달 사이의 거리를 365,459.4km로 결정하였다. 각도를 1도로 측정하였고 지구 반지름을 6,378km로 잡았다. 실제로 그는 지구 반지름을 그렇게 정확하게 알고 있지 못했기 때문에 지구-달 간 거리를 약간 다르게 얻었다. 이 방법은 우주 공간에 떠 있는 별들의 거리를 측정하는 데 이용할 수 있다.

그러면 지구의 크기는 어떻게 알아낼 수 있는가? 물론 우리가 지구상에 살고 있기 때문에 일일이 측량함으로써 알게 된다고 하지만 실제로는 그렇게 간단한 문제가 아니다. 왜냐하면 산이 있고 큰 바다가 있기 때문에 측량이 용이하지 않기 때문이다. 고대 그리스인들은 기발한 아이디어를 제시하고 지구의 크기를 결정했다. 다음에 그것을 설명한다.

(3) 에라토스테네스(Eratosthenes, BC 276~BC 196)의 지구 반지름 결정법

에라토스테네스는 기발한 방법을 제시하였다. 하지(6월21일)에 이집트의 수에네(Syene, 지금의 Aswan)와 900km 떨어진 알렉산드리아(Alexandria)에서 지면에 수직으로 막대를 세우고 그 막대의 그림자를 막대의 꼭대기에서 보는 각도를 잰다. 수에네에서는 해가 바로 머리 위에 있으므로 막대의 그림자는 점이었고, 알렉산드리아에서는 7도였다. 이 각도는 지구가 완전한 원으로 가정한다면, 지구 중심에서 수에네와 알렉산드리아를 보는 각도와 같다. 따라서 기하학적 지식을 이용한다면 결국 지구의 반지름은 7,377km로 얻어진다. 실제 값은 6,378km이므로 그가 얻은 결과는 놀라운 값이다. 이러한 기발한 방법으로 고대 그리스인들은 지구의 반지름을 알아낸 것이다.

* 참고로 360도를 라디안 단위로 재면, 6.28라디안이다. 따라서 7도는 0.122라디안이 된다. 이 0.122라디안에 원의 반지름을 곱하면 호(弧)의 길이가 된다. 호의 길이가 900km 이므로 반지름은 900km/0.122=7,377km로 얻어진다.

제3장

천동설을 뒤집은 지동설

뉴턴이 발견한 만유인력은 2개의 물체 사이 거리의 2승에 반비례하고 각각 물체의 질량에 비례한다. 뉴턴은 이 만유인력을 토대로 역학을 창출하였다. 즉, 뉴턴역학의 창시자이다. 이 역학을 태양계의 행성에 적용하여 뉴턴은 그 행성들의 운동을 완전히 역학적으로 기술하는 데 성공하였다.

천동설을 뒤집은 지동설

3.1 지동설을 입증한 학자들

이미 위에서 본 바와 같이 천동설은 고대 이집트와 그리스에서 보편화되어 있었고 그 대표적 인물이 바로 아리스토텔레스이다. 그러나 고대 그리스시대에 지동설을 주장한 학자도 있었다. 그들은 피타고라스와 아리스타르코스이다. 그들은 관측을 토대로 객관적 자료에 의해 얻은 결론이 아니고 어디까지나 사변에 기반을 둔 결론이다. 반면 지동설을 들고 나온 근세기의 학자들은 관측을 통하여 얻은 객관적 자료를 분석하여 결과를 제시하였다.

암흑시대인 중세기가 지나면서 근대과학이 서서히 발전되기 시작하였다.

13~16세기까지 르네상스시대는 봉건주의로부터 자본주의로 변해가는 중요한 시기이며, 미 대륙의 발견, 문화예술의 개화, 종교개혁 등 눈부신 사회문화

발전을 이룩하였다.

자본주의의 발달에 따라 무역확대가 진행되면서 먼 나라와의 교역을 위해 항해술(航海術)이 발전되었고 배의 위치 확인과 정확한 항해를 위하여 별의 관측이 발달되기 시작하였다. 이때 사용된 위치측정기기들은 사분의(quadrant, 망원경 이전의 천체관측기구), 육분의(sextant, 두 점 사이의 각도를 정밀하게 측정하는 광학기계) 들이다. 소위 말하는 컴퍼스(compass)이다. 15~16세기 5대양을 누비고 항해했던 디아스(Bartholomeu Dias, 1488년 희망봉 발견), 콜럼버스(Christopher Columbus, 1492년 미 대륙 발견), 다 가마(Vasco da Gama, 희망봉을 돌고 1498년 인도에 도달), 마젤란(Ferdinand Magellan, 1519~1522년 세계일주 항해) 들이 이러한 컴퍼스를 사용하였던 것이다.

히파르코스나 프톨레마이오스는 그리스 천문학을 최고 수준까지 끌어올렸으나, 관찰의 정밀도가 증가함에 따라 모순이 계속 나타나기 시작하였다. 이 모순들은 주전원 같은 단순한 수정으로서 해결할 수 없는 것이며, 결국은 장기간에 걸친 관측과 그 결과를 분석할 수 있는 수학적 방법이 개발되어야 하며, 또한 이 모든 것을 포괄적으로 이해하는 세계관이 확립되어야 한다. 이러한 흐름 속에 나타난 학자들은 코페르니쿠스, 티코 브라헤(Tycho Brahe), 갈릴레이, 케플러(Johannes Kepler), 뉴턴 들이다.

(1) 코페르니쿠스

1530년경 코페르니쿠스가 《논평(Commentariolus)》에 발표한 그의 우주계 원리는 다음과 같이 요약할 수 있다.

① 행성과 그 궤도에 대해 유일한 중심이 주어져 있다.

② 지구의 중심은 우주의 중심이 아니고 단지 달의 궤도와 중력의 중심일 뿐이다.

③ 모든 행성은 그들 궤도의 중심에 있는 태양 주변을 회전하며, 따라서 우주의 중심은 태양에 있다.

④ 지구와 태양 간의 거리는 우주공간의 직경에 비교하면 0에 가깝다.

⑤ 하늘에서 보이는 운동은 지구운동으로 유도된다. 왜냐하면 지구는 매일 한 번 자전하기 때문이다.

⑥ 우리 눈에 보이는 태양의 운동은 지구와 그 궤도로부터 유도되며 지구는 다른 행성과 같이 태양 주변을 회전운동 한다.

⑦ 행성의 전진(前進) 혹은 정지(停止)는 고유한 것이 아니라 지구운동에 기인한 하나의 결과에 지나지 않는다.

여기에서 분명한 것은 코페르니쿠스가 지동설을 주장하고 있다는 점이고, 또한 태양을 우주의 중심으로 인식하고 있다는 점이다. 현대 우주관에서 태양은 태양계의 중심에 있지만, 그 태양계는 우리은하(Milky Way)의 중심으로부터 3만 광년이나 떨어진 곳에 있고, 은하계 자체가 우주 속의 수많은 은하 중 하나에 지나지 않는다. 코페르니쿠스는 유명한 그의 저서 《천구(天球)의 회전에 관하여(De Revolutionibus Orbium Coelestium)》를 1543년에 출판하여 지동설을 확고히 정착시켰다.

이 책은 6권으로 되어 있는데, 제1권에서는 주로 프톨레마이오스의 천체 모델을 토대로 천문학의 기초를 논하고 있고, 태양계에 관해서도 기술하고 있다. 제2권은 구면(球面)천문학에 관한 설명과 100여 개의 항성에 대한 성표(星表)를 포함하고 있다. 제3권에는 새로운 세차운동(歲差運動)이론이 전개되어 있는데, 과거 1800여 년에 걸쳐서 관측된 자료를 토대로 확립된 것으로, 지구운동의 세차현상을 규명한 대단히 중요한 업적으로 평가되고 있다. 제4권은 달의 운동과 일식(日食), 월식(月食)을 계산하는 방법이 소개되어 있다. 제5권에서는 황도면(黃道面) 내의 행성운동을 연구하고 있고, 제6권에서는 행성이 위도 방향에 폭을 가진 운동을 하는 것, 즉 행성궤도의 주기적 진동을 설명하고 있다(이것은 타원궤도를 잠재적으로 인식하고 있었던 것으로 보인다).

이 책의 초판은 1543년 뉘른베르크(Nuremberg)에서 1,000부가 인쇄되었으나 결국 다 팔리지는 못했다. 그 후 400년 동안 5판까지만 출판되었다. 1566년 바젤(Basel)판, 1617년 암스테르담(Amsterdam)판, 1854년 와루소(Warsaw)판, 1873년에는 벨기에의 투르네(Tournai)판이 나왔다. 이것은 아주 저조한 판매실적이라 할 수 있다.

그의 업적 중 가장 중요한 것은 태양을 중심으로 닫힌 궤도 위를 지구가 회전하고 있다는 것이다. 즉, 지동설을 명백하게 밝힌 것이다. 또한 태양을 우주의 중심으로 인식하고 있다는 점에 주목해야 한다.

* 코페르니쿠스는 지구가 태양을 하나의 초점(焦點)으로 한 타원궤도를 돌고 있다고 인식했는지 확실하지 않지만 중세기에 천체관측이 상당히 정밀하게 이루어지고 있었다는 사실을 고려할 때 지구의 궤도를 타원으로 인식하고 있었던 확률이 크다. 지구가 태양 주변을 돌고 있다고 생각했기 때문에 여름과 겨울이 어떻게 생기는지에 대해 지구운동에 기인한다고 생각했을 것이고, 따라서 지구와 태양 사이의 거리가 궤도상에서 차이가 발생한다는 결론을 얻었을 것이다. 케플러의 제1법칙은 지구뿐만 아니라 모든 행성의 궤도가 타원이라는 사실을 밝히고 있는 것이다.

니콜라스 코페르니쿠스

폴란드 와루소(Warsaw)의 폴란드 한림원 앞에 세워져 있는 코페르니쿠스 동상

코페르니쿠스가 소년 시절에 살던 집. 프러시아의 토른(Thorn) 시에 있다.

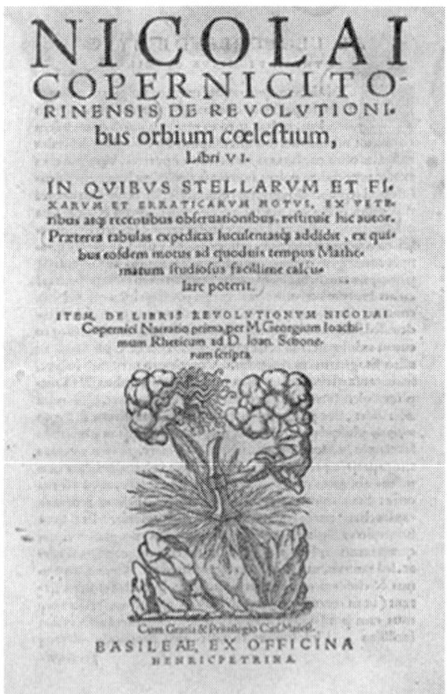

NICOLAI
COPERNICI TO-
RINENSIS DE REVOLVTIONI-
bus orbium cœlestium,
Libri VI.
IN QVIBVS STELLARVM ET FI-
XARVM ET ERRATICARVM MOTVS, EX VETE-
ribus atq; recentibus obseruationibus, restituit hic autor.
Præterea tabulas expeditas luculentasq; addidit, ex qui-
bus eosdem motus ad quoduis tempus Mathe-
matum studiosus facillime calcu-
lare poterit.
ITEM, DE LIBRIS REVOLVTIONVM NICOLAI
Copernici Narratio prima, per M. Georgium Ioachi-
mum Rheticum ad D. Ioan. Schone-
rum scripta.
Cum Gratia & Privilegio Cæs. Maiest.
BASILEAE, EX OFFICINA
HENRICPETRINA.

1543년 출판된 저서 《천구의 회전에 관하여》의 바젤판(1566년) 표지

코페르니쿠스(Nicolaus Copernicus, 1473~1543)

폴란드 태생의 천문학자이다. 그는 긴 세월 이탈리아에서 천문학을 연구하였다. 그는 많은 관측을 한 것은 아니지만 고대 그리스에서 알려져 있던 5개의 행성 중 2개(금성과 수성)가 태양 주변을 회전한다는 학설을 보고 금성과 수성의 회전운동을 조심스럽게 관측하여 기타 3개 행성도 태양 주변을 회전한다고 생각하였다. 여기서 중요한 점은 관측결과를 토대로 수학적 분석에 의해 결론에 도달하였다는 사실이다.

그의 우주론은 아리스토텔레스 정통파, 프톨레마이오스파, 기독교계로부터 심하게 공격을 받았다. 그래서 그의 저서 《천구의 회전에 관하여》는 그가 죽기 하루 전날인 1543년 5월 23일에 출판되었다. 그의 친구가 쓴 이 책의 머리말에는 "이 책에 기술된 기본원리는 단지 계산상 편의에 의해 설정한 추상적 가설에 지나지 않다"라고 되어 있다. 그 후 1632년 갈릴레이에 대한 종교재판과 더불어 이 책이 금서(禁書)가 되었다.

코페르니쿠스는 이탈리아 유학 중 고대 그리스의 학술저서를 읽으면서 많은 영향을 받았다. 그의 지동설은 아리스타르코스로부터 영향을 받았고, 그것을 보다 과학적으로 기술한 것으로 풀이된다.

(2) 요하네스 케플러

티코 브라헤가 죽기 전인 1600년에 케플러는 그의 조수로 고용되었고 그 방대한 관측자료를 건네받았다. 그가 설정한 과제로서 첫째는 정확한 행성에 관한 표를 제작하는 것, 둘째는 코페르니쿠스의 우주계에 알맞은 행성운동에 관한 이론을 확립하는 것이었는데, 아무리 원을 그려 봐도 화성운동을 정확히 기술할 수 없다는 사실을 알게 되어 결국은 타원운동과 '면적속도 일정' 이라는 원리를 발견하게 되었다.

케플러는 초기에 신비주의와 형이상학적 경향을 가지고 있었으나 그 방대한 티코 브라헤의 자료를 정리하면서 자기 자신의 신비주의적 우주관을 깨뜨리고 객관적 우주관으로 전향하였다. 이런 점에서 그의 우주관은 역사적 의의가 있는 것이다.

요하네스 케플러(Johannes Kepler, 1571~1630)

독일의 뷔르템베르크(Wurttemberg) 태생으로 개신교 성직자가 되도록 교육을 받았고, 대학에서 수학과 천문학을 공부하였다. 1596년 《우주지의 신비,(Mystrium cosmographicum, 宇宙誌의 神秘)》를 출판하였는데, 여기서 행성의 수(6개)와 정다면체(正多面體)의 수(5개) 간의 수학적 관계를 기하학적으로 해석하였다. 1609년 《화성운동에 관하여(De motibus Stellae Martis), 별명 신천문학(Astronomia nova)》을 출판하면서 그의 유명한 케플러의 제1법칙(타원법칙)과 제2법칙(면적속도법칙)에 관한 발견을 발표하였다. 1619년 《우주의 조화(Harmonice mundi)》에서는 제3법칙을 발표하였다. 이와 같이 과학적 업적은 근대과학으로 가는 길목에 있는 것은 사실이나 결국은 신플라톤주의에 입각하고 있고 신비주의를 완전히 벗어나지 못했다.

케플러의 세 가지 법칙을 요약하면 다음과 같이 기술할 수 있다.

〈제1법칙〉: 행성의 궤도는 타원이며, 태양이 그 초점 중의 하나에 있다.

(타원에는 초점이 2개가 있다)

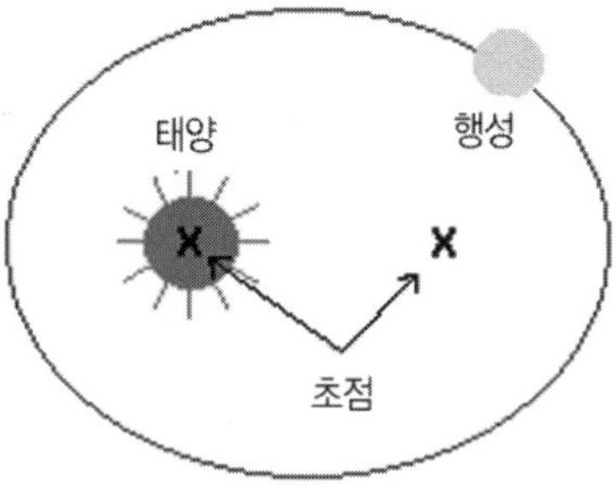

〈제2법칙〉: 태양과 행성을 잇는 직선이 단위시간에 그리는 면적은 일정하다.

(면적속도 일정)

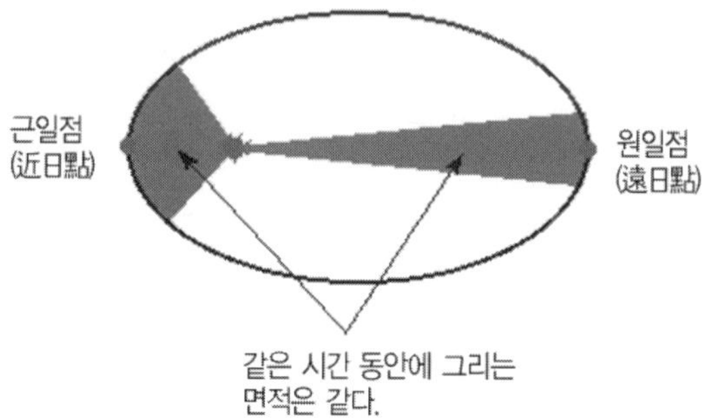

이 두 개의 법칙은 《화성운동에 관하여》에서 발표되었다.

〈제3법칙〉 : 행성운동의 〈주기〉의 2승은 행성과 태양 간의 평균거리의 3승 에 비례한다.

이 법칙은 1619년 《우주의 조화(Harmonice mundi)》에서 발표되었다.

행성운동의 주기를 년(年) 단위로 재고 평균반지름을 지구와 태양 간의 거리(1억 5,000만 km)를 단위로 잴 때 비례계수는 1이 된다. 즉, 주기가 몇 년이냐 하는 그 연수의 2승은 평균반지름이 태양-지구 간 거리의 몇 배냐고 하는 그 배수의 3승과 같다.

그 예로써 금성을 보자. 금성의 주기는 0.6152년이며, 평균반지름은 지구-태양 간 거리의 0.7233배이다. 따라서 금성의 주기의 2승, 즉 0.6152의 2승은 0.37847이며, 평균반지름의 3승, 즉 0.7233의 3승은 0.37840이다. 이 결과는 오차 범위에서 일치한다.

이 제3법칙이 성립되는 것은 다음과 같은 관측치를 대입해보면 알 수 있다.

	평균 반경(AU)	주기(년)
금성	0.7233	0.6152
화성	1.5237	1.8809
토성	9.5388	29.458

* 금성의 경우 (0.6152)의 2승 = a(0.7233)의 3승 따라서 a=1.00018
* 화성의 경우 (1.8809)의 2승 = a(1.5237)의 3승 따라서 a=1.00008
* 토성의 경우 (29.458)의 2승 = a(9.5388)의 3승 따라서 a=0.99983

이와 같이 어느 경우에도 비례계수 a가 1임을 나타내고 있다. 즉, 비례계수가 보편적으로 상수이며 모든 행성에서 같은 값을 갖는다는 사실을 나타내고 있다(참고 : 《고전동역학》, 전일동 역, 홍릉과학출판사, 2004).

(3) 갈릴레오 갈릴레이

1609년 갈릴레이는 배율 30배, 초점거리 69.5cm인 망원경을 제작하여, 그것을 이용하여 다음과 같은 천체현상을 발견하였다.

① 달의 표면이 완전한 평면이 아니라 산과 골짜기로 되어 있다는 사실
② 은하에 관한 관측
③ 목성에 4개의 위성 발견
④ 토성의 환(環) 발견

또한 그는 달의 상(相, phase)을 연구하고 관찰결과를 정확히 기록하였다. 뿐만 아니라 금성을 관측하고 달과 마찬가지로 태양의 빛을 반사하는 결과로서 상을 나타내는 것을 발견하였다.

갈릴레이는 망원경으로 관측한 결과를 토대로 우주관을 구축하였다는 점에서 근대과학의 아버지라고 할 수 있다. 더욱이 망원경으로 천체를 관측한 것도 인류사상 최초이다. 그는 또한 태양 중심의 우주관을 가지고 있었다.

갈릴레이가 쓴 책 《두 가지 주된 우주체계 - 프톨레마이오스와 코페르니쿠스 - 에 관한 대화(Dialogo de Galilei sopra i due massimi sistemi del mondo, tolemaico e copernicano)》는 아리스토텔레스의 주장을 대표하는 심플리치오(Simplicio), 코페르니쿠스의 주장을 대표하는 살비아티(Salviati), 그리고 중립적인 위치인 사그레도(Sagredo) 등의 세 학자가 대화를 통하여 근대과학을 기초로 한 우주를 논하고 있다.

갈릴레오 갈릴레이(Galileo Galilei, 1564~1642)

갈릴레이는 이탈리아 중부에 있는 도시 피사(Pisa) 태생이다. 피사는 기울인 탑, 즉 사탑(斜塔)으로 유명하다. 갈릴레오는 이 성당에서 주일마다 미사를 드렸는데, 미사가 진행되고 있는 동안에도 물리학을 생각하고 있었던 것 같다. 목동(牧童)이 램프에 불을 놓을 때 그 램프가 흔들거리는 것을 보고 진동의 동시성을 발견하게 된 것을 보아도 알 수 있다.

1581년 피사대학에 입학하여 의학을 공부하였으나 1583년 수학자 오스틸리오 리치(Ostilio Ricci, 1540~1603)로부터 유클리드(Euclid)기하학과 아르키메데스의 역학을 배우면서 자연스럽게 광학에 열중하게 되었다. 1589년 피사대학의 교수가 되고 낙체운동(落體運動)을 연구하였다. 1592~1610년까지 이탈리아 북부도시 파두바(Paduva)에 있는 파두바대학 교수로 취임하였다.

1608년 화란(Netherland)의 안경기사 한스 리퍼세이(Hans Lippershey, ?~1619)가 직경 4.2cm, 초점거리 69.5cm인 망원경을 발명하였는데, 갈릴레이는 그 다음 해인 1609년에 배율 30배가 되는 망원경을 제작하였다. 그는 코페르니쿠스의 지동설을 공공연히 지지하였고 따라서 반대세력의 목소리가 차차 커져갔다. 그는 지동설이 성서(聖書)와 대립되지 않는다는 것을 해명하려 했으나 1616년 로마 교황청의 명령에 굴복하여 코페르니쿠스설을 공공연히 지지하는 언행을 하지 않겠다는 서약을 하게 되었다. 그 후 그는 새로 취임한 로마 교황의 이해를 얻었다고 착각하여 1632년 2월 《두 가지 주된 우주체계에 관한 대화》를 출판하여 코페르니쿠스설의 합리성을 주장하였다. 그러나 1632년 8월에 이 책이 판매금지 처분

되어 1632년 10월에 서약을 파기시켰다는 이유로 종교재판에 부쳐져 결국 자기의 주장을 철회하기로 하고 피렌체(Firenze) 근교에서 근신하도록 명을 받았다. 1638년 《두 개의 새로운 과학에 관한 대화(Discorsi e dimostrazioni matematici inferno a due nuove scienze)》를 출판하면서 실험과 관측을 토대로 정량적으로 역학법칙을 확립함으로써 근대과학의 기초를 수립하였다.

그가 발견한 역학법칙은 관성법칙, 낙체법칙, 조화진동, 진자의 동시성 등이다. 그는 1638년경 이미 양쪽의 시력을 잃은 상태임에도 불구하고 강한 정신력으로 활약했으며, 1642년 79세 나이로 세상을 떠났다.

피사 성당과 사탑

피사 사탑 옆에 있는 성당 내부

갈릴레이의 동상

갈릴레이 재판(1632년)

⑷ 아이작 뉴턴

역학체계를 확립하면서 뉴턴역학을 수립하였고 만유인력의 법칙을 발견함으로써 천체운동을 역학적으로 이해할 수 있다는 것을 입증하였다. 케플러의 3법칙을 뉴턴역학으로 완전히 기술할 수 있고 태양계의 모든 행성의 운동을 만유인력에 의한 운동으로서 기술할 수 있다는 사실을 증명하였다. 이 뉴턴역학은 현대 우주론에서도 아직 유효하게 적용되고 있으나 우주의 기원과 그 폭발적 운동을 기술하기 위해서는 역시 아인슈타인(Albert Einstein, 1879~1955)의 상대성이론을 사용하지 않을 수 없다.

뉴턴이 발견한 만유인력은 2개의 물체 사이 거리의 2승에 반비례하고 각각 물체의 질량에 비례한다. 뉴턴은 이 만유인력을 토대로 역학을 창출하였다. 즉, 뉴턴역학의 창시자이다. 이 역학을 태양계의 행성에 적용하여 뉴턴은 그 행성들의 운동을 완전히 역학적으로 기술하였고 그의 방정식을 풀면 케플러의 3개 법칙이 모두 자동적으로 얻어진다(뉴턴은 이러한 천체운동을 풀기 위해 미분법이란 수학을 만들어내기도 하였다). 티코 브라헤가 남긴 방대한 관측자료를 정리하여 케플러는 그의 법칙을 찾아내었으나 그 깊은 의미와 근원을 알지 못하였다. 뉴턴이 세상 처음으로 깊은 뿌리를 완전히 캐낸 것이다.

뉴턴의 행성운동방정식을 풀면 행성의 궤도를 얻게 된다. 행성의 속도와 질량에 따라 그 궤도는 여러 가지 형태를 가질 수 있는데, 쌍곡선, 포물선, 타원, 원 등의 모든 곡선을 얻을 수 있다(참고 : 손튼(M. Thornton) 저, 《고전 동역학》, 전일동 역, 홍릉과학출판사, 2002). 뉴턴역학은 고전역학이다. 즉, 시간은 절대적이고 운동하는 좌표계에서나 정지된 좌표계에서나 시간흐름은 똑같다.

1905년에 아인슈타인이 상대성 이론을 제시하여 시간흐름은 좌표계의 운동에 따라 변한다는 사실을 밝혀냈다. 1916년 그의 이론을 일반화하는 데 성공함으로써 중력장 이론을 수립하게 되었다. 중력장 속에서 운동하는 행성들이 어떤 현상을 보이는지 아인슈타인의 일반상대성이론이 답을 제공한다. 이로 인해 뉴턴역학으로 볼 수 없던 우주의 신비스러운 현상들을 이해할 수 있게 된 것이다. 또한 우주의 탄생과 미래까지도 논의할 수 있게 되었다.

아이작 뉴턴(Isaac Newton, 1642~1727)

뉴턴의 반사망원경

영국의 수학자이자 물리학자이다. 영국의 린컬른셔(Lincolnshire)의 울즈소프(Woolsthorpe) 마을에서 자영농민의 아들로 태어났다.

1661년 케임브리지대학교의 트리니티칼리지에 입학하여 기하학의 교수인 I. 배로우(Barrow, 1630~1677)로부터 큰 영향을 받았고, 케플러의 광학과 데카르트(R. Descartes, 1596~ 1650)의 기하학을 연구하였다. 1664년 학사학위를 받았고, 1665년에 특별연구원이 되었다.

1665년 유럽 전역에 패스트(Pest, 흑사병)가 유행하여 그것을 피해 울즈소프(Woolsthope)로 귀향하여 3대 위업을 달성하였다. 빛의 스펙트럼 분석, 만유인력 발견, 미적분학 발견(1666년), 2항정리(2項 定理) 발견 등을 하게 된다.

1669년 트리니티칼리지의 교수. 백색 빛의 분산현상을 연구하고 무지개에 대한 연구도 하였다. 반사 망원경을 제작하였다.

1672년 배로우 교수의 후임으로 같은 대학 교수로 취임하였고, 1675년 빛의 입자성을 주장하였으며, 1685년 질점(質点)과 물체운동에 관해 기술한 《자연철학의 수학적 원리 ; 프린키피아(Principia, 정확한 표제는 Philosophiae Naturalis Principia Mathematica이다)》 제1권을 출판하였다.

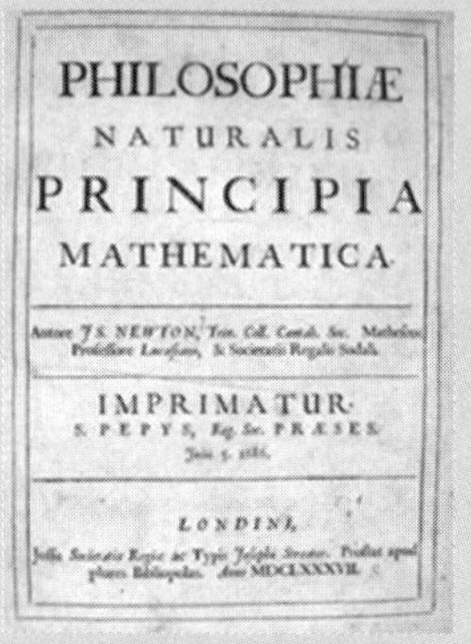
PHILOSOPHIÆ
NATURALIS
PRINCIPIA
MATHEMATICA.
Autore JS. NEWTON, Trin. Coll. Cantab. Soc. Matheseos Professore Lucasiano, & Societatis Regalis Sodali.
IMPRIMATUR.
S. PEPYS, Reg. Soc. PRÆSES.
Julii 5. 1686.
LONDINI,
Jussu Societatis Regiæ ac Typis Josephi Streater. Prostat apud plures Bibliopolas. Anno MDCLXXXVII.

《프린키피아》의 1686도판 표지

1686년 《프린키피아》 제2권을 완성했으며, 또한 유체역학을 확립하였다.

《프린키피아》는 가장 뛰어난 독창적인 업적이며 영원히 남는 금자탑이다. 1687년에 핼리혜성 발견으로 유명한 에드먼드 핼리(Edmund Halley, 1656~1742)의 도움으로 출판되었다. 그 비용과 교정까지도 핼리가 맡았다.

3.2 망원경의 원리

갈릴레이는 1609년에 배율 30배가 되는 망원경을 제작하였다.

위에 있는 것 : 길이 136cm, 구경 : 2.6cm,
초점 :133cm, 배율 : 14배 ;
밑에 있는 것 : 길이 92cm, 구경 : 1.6cm,
초점 : 96cm, 배율 : 20배.

그 원리는 다음과 같다.

(1) 갈릴레이식 굴절망원경

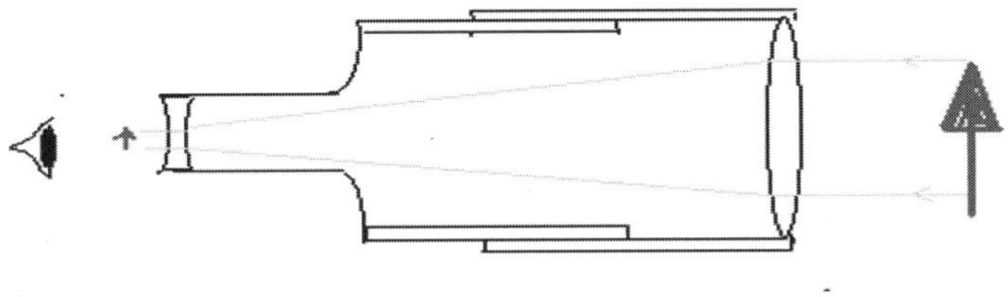

철(凸, 볼록)렌즈와 오목(凹)렌즈의 조합으로 구성되어 있다. 상은 올바르게 보인다. 후에 케플러도 망원경을 제작하였다. 그의 망원경도 역시 굴절망원경인데 철렌즈 2개로 구성되어 있다.

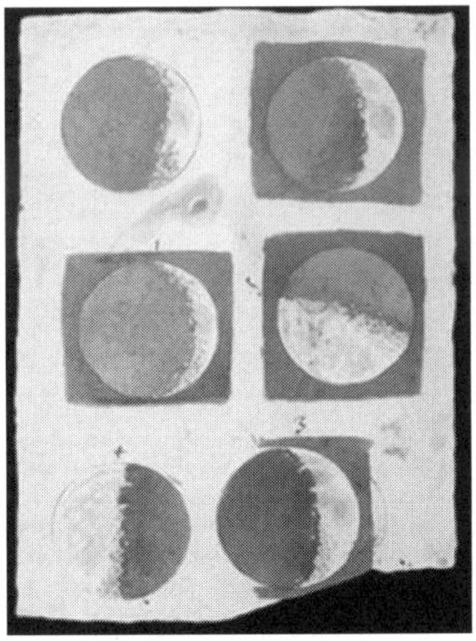

옆의 그림은 자기가 제작한 망원경으로 갈릴레이가 관측한 화성의 상(相)에 대한 기록이다. 이것은 달의 월식과 같은 식(蝕)이 화성에도 있다는 것을 처음으로 관측한 것이다.

⑵ 케플러식 굴절망원경

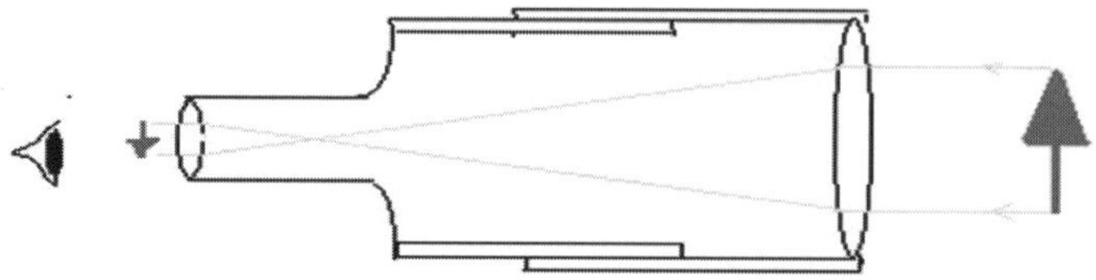

철렌즈에 들어오는 빛이 중간 점에 있는 초점에서 일단 수렴한 다음 제2의 철렌즈를 통과한다. 따라서 상은 거꾸로 된 것(逆立像)을 보이게 된다. 정립상(正立像)을 보이게 하기 위해 고안된 신케플러식 굴절망원경의 구조는 다음과 같다.

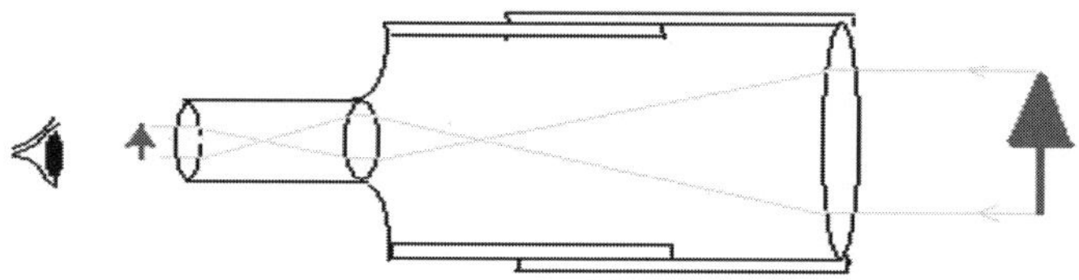

대물 철렌즈를 통과한 빛이 초점에서 수렴하고 제2의 철렌즈를 통과한다. 그 빛이 뒤에 있는 초점에서 다시 수렴되고, 제3의 접안(接眼)렌즈를 통과하여 눈에 들어오게 된다. 따라서 눈에는 이미지(image)가 바로 정립상으로 보이게 된다. 그 외에 뉴턴식 반사망원경이 있다.

⑶ 뉴턴식 반사망원경

이 망원경의 원리는 빛을 될 수 있는 대로 많이 받을 수 있도록 고안한 것인데 다음과 같다.

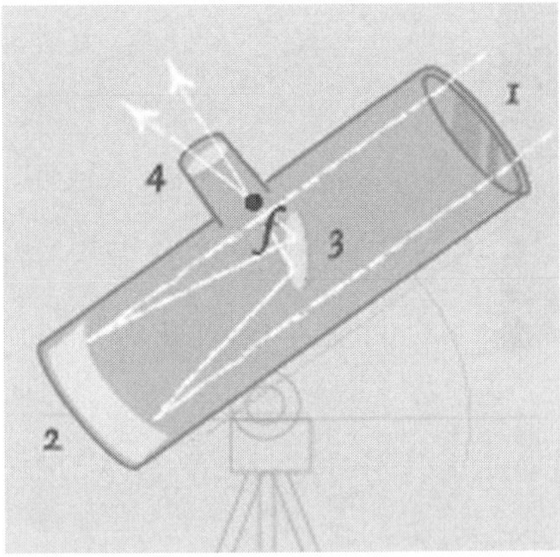

먼 거리에 있는 별의 빛이 1을 통하여 망원경으로 들어와 2에 있는 오목반사경에서 반사되어 3에 있는 평면거울에서 반사되어 결국은 4의 철렌즈로 나가며, 그것을 우리가 보는 것이다. 현재 모든 천체관측용 망원경은 이 방식으로 제작된 것이다. 직경이 6~8m 정도로 제작된 오목반사경이 세계 주요 관측소에 설치되어 있고, 직경 10m짜리 반사망원경도 제작되어 있다. 결국 뉴턴식 망원경은 대형 망원경의 제작에 적합한 것이다.

3.3 중세기 우주관측과 1년 = 365일

고대 그리스에서 출발한 과학적 사고는 기독교 교리에 인하여 유럽에서 쇠퇴하기 시작하였으나 그것이 아랍권에 전파됨으로써 아랍문화에 엄청난 영향을 주었고, 천문학에 대한 지적 자산이 그곳에서 축적되었다.

중세기 및 근세기의 우주관은 천체관측을 토대로 우주관(주로 태양계)을 구축해갔다. 우선 중세기에 천체를 어떻게 관측했는지 살펴보기로 하자.

중세기에서는 주로 이슬람세계에서 천문관측이 이루어졌는데, 역시 종교와 권력에 밀착하고 있었다. 여기서 주목해야 하는 점은 그 당시에는 망원경이 발명되지 않았기 때문에 육안으로 관측하였고, 그 정밀도를 얼마나 올릴 수 있는가에 신경을 썼던 것이다.

이 그림은 각도를 측정하는 기기로 사분의(4分儀, quadrant)라고 한다. 4분의 1 원형의 정점에 실을 고정시키고 분추(分錐)를 달아매면 수직선을 얻을 수 있고, 사분의의 직선 연장선에 대상물을 맞추면 그 직선과 수직선 사이의 각도를 잴 수 있다. 이 각도는 호(弧) 부분에 새긴 눈금을 보면 알 수 있게 되어 있다.

사분의뿐만 아니라 육분의(6分儀, sextant)도 발명되었는데, 그것은 각도 360도의 6분의 1, 즉 60도로 된 관측기기이다. 내부에 회전이 가능한 거울이 설치되어 있고, 그것에 의해 반사된 빛이 중간 부분에 있는 반투명 거울에 의해 반사되어 수평선을 따라 눈에 들어오게 된다.

고정된 팔 부분에 새겨진 눈금을 잼으로써 대상물에서 오는 빛과 수평선 사이의 각도를 알게 된다. 이러한 기기는 처음에 항해할 때 항해 방향과 배의 위치를 알아내기 위해 별을 관측하는 데 이용되었으나 결국은 천문관측기기로 사용되게 되었다.

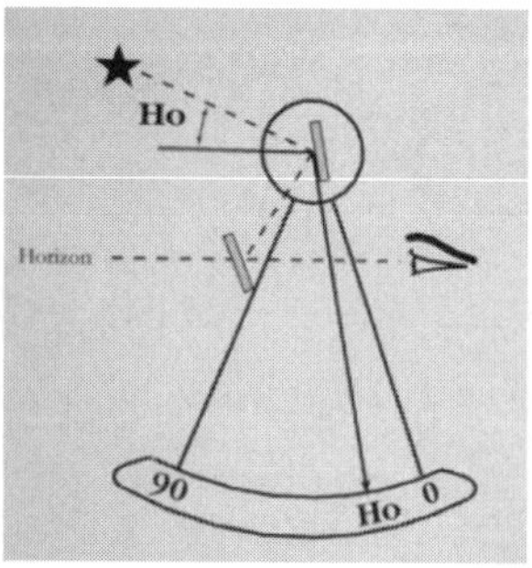

이것은 1759년에 버드(John Bird)에 의해 처음으로 제작된 육분의이며, 망원경이 달려 있다.

중세기의 천체관측은 유럽보다 중앙아세아, 즉 회교국가에서 많이 실행되었는데, 그중에서도 가장 잘 알려져 있는 관측소는 현재 우즈베키스탄(Uzbekistan)

에 소속된 사마르칸드(Samarkand)에 있었다.

사마르칸드는 그 당시의 티무르(Timur)제국이었다.

울루그 벡(Mohammed Targai Ulugh Beg, 1393~1449)

구 소련이 발행한 육분의가 그려진 우표

울루그 벡은 위대한 왕자라는 뜻이고, 그의 본명은 Mirza Mohammed Targai bin Shah Rukh이다.

그는 티무르제국의 태조(太祖) 래메(Lame, 1336~1405)의 손자이며, 샤 루크(Shah Rukh)의 장남이다. 그들은 페르시아(Persia)의 트란시옥시아나(Transoxiana, 지금의 우즈베키스탄) 출신이며, 울루그 벡은 이란의 술타니애(Sultaniyeh)에서 태어났다.

그 당시 수도는 사미르칸드였으나 티무르가 사망하자 샤 루크가 제국을 계승하여 수도를 허트(Heart, 지금은 아프가니스탄 소재)로 옮겼다. 울루그 벡은 16세의 나이로 사마르칸드의 지배자가 되었다. 그는 사마르칸드를 문화도시로 바꿔놓았고 1417~1420년에는 마드라사(Madrasa, 대학교)를 세웠으며, 이슬람세계의 최고 천문학자와 수학자들을 초빙하였다. 그는 특히 천문학에 흥미를 보였고, 1428년 글카니 지이(Gurkhani Zij)라고 불리는 3층짜리 관측소를 건축하였다. 이것은 티코 브라헤(Tycho Brahe)의 우라니보르그(Uraniborg)관측소와 비교된다. 주로 태양과 달 및 행성을 관측하였다.

망원경이 없는 시대라 파크리 육분의(Fakhri Sextant)라고 하는 관측기기를 만들어 정밀도를 올리기 위해 원 부분(circa)의 반지름을 36m로 설계하였다. 따라서 광학적 분해율(分解率)이 각도로 180″(= 0.05도)가 된다. 이것은 놀랄만한 정밀도이다. 이 관측기기를 이용하여 1437년에 994개의 별 관측 기록을 남겼다. 이 기록은 고대 이집트의 프톨레마이오스 이후 브라헤가 나타나기 전까지의 가장 위대한 천문도(별의 catalog)라고 할 수 있고, 992개의 고정된 별의 위치를 재확인할 수 있었다.

1437년 울루그 벡은 1년을 365.2570370일(365일 6시 10분 8초 ± 58초)로 결정하였다. 이 값은 1525년 코페르니쿠스에 의해 28초 수정되어 오차가 ± 2초로 줄었다. 현재 값은 365.2422일, 즉 365일 5시 48분 46초 ± 0.08초이다.

이와 같이 이슬람문화는 과학을 토대로 화려하게 발전되고 있었고, 특히 건축기술은 눈부신 수준에 도달하고 있었다.

1년에 대한 역사적 관측치

히파르쿠스(BC 145)	365.24653일(365일 5시 55분 12초)
조충지(祖沖之) (462년)	365.242814811일(365일 5시 49분 40초)
울루그 벡(1437년)	365.2570370일(365일 6시 10분 8초±58초)
코페르니쿠스(1525년)	365.256712963일(365일 6시 9분 40초±2초)
현재 값	365.242190일(365일 5시 48분 45초)

3.4 망원경과 관측소

●● 현재 활약하고 있는 망원경

구경(미터)	명칭	장소	위도; 황경(黃經)	고도	비고
8.3	subaru	Mauna Kea, Hawaii	1950N ; 15528W,	4100m	
8.1	Gillett	Mauna Kea(Hawaii)	1950N ; 15528W,	4100m	aka Gemini North
	Gemini South	Cerro Pachon(Chile)	3020S ; 7059W	2737m	Twin of Gemini North
5.0	Hale	Palomer Mt. California	3321N ; 11652W	1900m	
4.2	William Herschel	La Palma, Canary Islands Spain	2846N ; 1753W	2400m	Observatorio del Roque de los Muchachos
3.6	"360"	Cerro La Silla Chile	2915S ; 7044W	2400m	European Southern Observatory
2.45	CHARA	Mt. Wilson, California	3413N ; 1184W	1700m	Interferometer using 61-m scopes

(사진 : Palomer Observatory Home page로부터 인용)

(사진 : Wilson Observatory Home page로부터 인용)

아래 사진은 남미 칠레의 라 실라산(La Silla, 2,400m) 아타가마(Atacama) 사막에 있는 남유럽 관측소(ESO, European Southern Observatory)이다. 3.5m 망원경이 1989년부터 작동 중이다.

 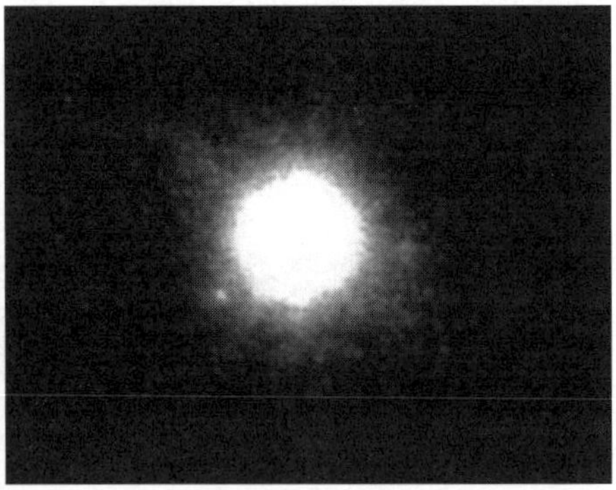

(사진 : ESO Home page로부터 인용)

그것으로 최근에 발견한 재미있는 천체가 위의 사진에 보인다. 이것은 별을 형성하기 직전에 있는 천체이며, 어떤 항성에 속박되어 있는 것이 아니라 완전히 고립되어 있고 우주 공간에 나그네처럼 떠돌고 있다. 이것을 플라네모스(Planemos)라고 한다.

또한 이 관측소에서 지구와 유사한 행성 글리제(Glease) 581을 발견하였다.

(1) 하와이의 KECK 천문대(Mauna Kea in Hawaii)

Mauna Kea 관측소 전경(사진 : W.M.Keck Observatory Home page로부터 인용)

(사진 : W.M.Keck Observatory Home page로부터 인용)

세계 최대 광학망원경(직경 10m)이며 KECK I(사진 왼쪽)이 1992년에 본격적으로 작동하기 시작하였다. KECK II(사진 오른쪽)는 1997년에 완성되었다. 미국 캘리포니아 공과대학(Caltech, California Institute of Technology)과 캘리포니아대학(University of California)이 운영하고 있다. 하와이(Hawaii)의 마우나 케아 화산(Mauna Kea, 해발 4,145m)에 있기 때문에 맑은 공기 속에서 천체를 관측하여 선명한 천체모습을 볼 수 있다.

(2) 스페인 라 팔마(La Palma)에 있는 벨기에 관측소

아래 사진은 그 속에 설치된 망원경이다.

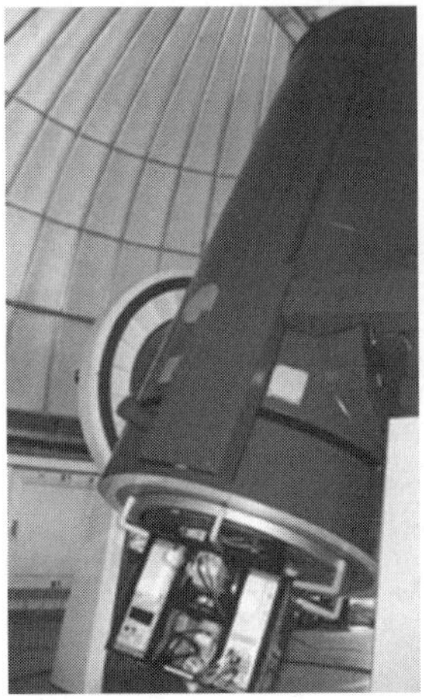

(사진 : La Palma Observatory Home page로부터 인용)

제4장

태양

반지름 : 약 696,000km(지구 반지름의 약 100배)

부피 : 14억 km3

질량 : 지구 질량의 약 33만 3,000배

(지구 질량 = 약 6억 kg의 1억 배의 1억 배)

지구와 태양 사이의 거리 : 1억 5,000만 km

태양

4.1 태양의 크기와 그 질량

우선 태양의 크기를 알아보자.

그 반지름은 약 696,000km이다. 이것은 지구 반지름의 약 100배에 해당한다. 지구와 달 사이의 거리가 약 397,000km임을 고려할 때 태양의 크기가 어마어마한 것임을 실감할 수 있을 것이다. 따라서 태양의 부피는 $(4\times3.14/3)\times$(반지름)$^3=(1.4\times10^9)$km^3, 즉 1.4km^{3}의 10억 배이다.

태양의 질량은 케플러의 제3법칙을 이용하여 알아낼 수 있는데, 약 2×10^{30}kg이다. 참고로 지구와 태양 사이의 거리는 1억 5,000만 km로 알려져 있다.

태양의 크기	반지름 : 약 696,000km(지구 반지름의 약 100배)
	부피 : 14억 km^3
	질량 : 지구 질량의 약 33만 3,000배(지구 질량 = 약 6억 kg의 1억 배의 1억 배)
	지구와 태양 사이의 거리 : 1억 5,000만 km

4.2 태양의 에너지는 어디서 오는가?

태양은 막대한 에너지를 사방에 방출하고 있다. 이 에너지가 어떻게 생성되는지 살펴보기로 하자. 우선 태양이 방출하는 에너지의 출력을 알아볼 필요가 있다.

출력이란 단위시간에 얼마만큼의 에너지를 방출하는가를 말한다. 같은 양의 에너지라도 긴 시간 동안에 낸다면 그 에너지의 방출효율은 떨어지고 짧은 시간에 방출한다면 그 효율은 대단히 커진다. 그 예로써 댐에 가득 차 있는 물을 방출하는 경우를 생각해보자. 수문을 한 개만 열고 물을 조금씩 방류하면, 즉 단위시간에 방류되는 물의 양이 적으면 그 물의 파괴력은 아주 작지만, 모든 수문을 열고 한꺼번에 물을 방류하면 단위시간에 방류되는 물의 양이 크므로 그 파괴력은 엄청나다. 이와 같이 에너지를 단위시간에 얼마나 내느냐가 대단히 중요하다. 일반적으로 에너지 출력은 와트(watt)란 단위로 표현하고 기호 W를 쓴다.

태양의 열에너지를 측정해보면 그 출력이 약 4×10^{26}W임을 알게 된다. 이것은 엄청난 양이다. 가정에서 사용하는 100W 전구를 4×10^{24}개가 동시에 커진 것과 같다. 10^{24}이란 1조를 1조 배 한 양이다. 보통 거대한 원자력발전소의 발전량이 10기가와트, 즉 100억 와트이다. 이러한 발전소 400조 개가 동시에 가동해야 얻을 수 있는 양이다. 이러한 엄청난 양의 에너지를 석유나 석탄 같은 화석연료로 얻을 수는 없다.

석유 1kg의 출력은 5,000만 와트로 알려져 있다. 만약에 태양이 완전히 석유만으로 구성되어 있을 경우 8,000년이 지나면 완전히 소진된다. 즉, 태양의 수명이 8,000년이라는 답을 얻게 된다. 물론 태양은 그것보다 훨씬 긴 시간(약 50억 년) 동안 그 막강한 에너지를 우리에게 공급해왔고, 앞으로도 50억 년 더 지속적으로 에너지를 공급할 것이다. 따라서 태양에너지는 석유로 생산된 것이 아니다. 태양에너지는 핵융합에 의해 생성된다. 즉, 원자력에너지이다.

핵은 일반적으로 플라스(+) 전기를 가진 양성자(proton)와 전기적으로 중성인 중성자(neutron)로 구성되어 있다. 그래서 X라고 하는 핵이 있으면 다음과 같이 표현한다.

$^{A}_{Z}X_{N}$

여기서 Z는 원자수라고 하며 그 핵이 내포하고 있는 양성자 수를 나타내고, N은 중성자 수를 나타낸다. A는 질량수라고 하여 Z와 N를 합한 수를 나타낸다. 같은 Z값을 갖고 있어도 N는 다를 수 있고 그러한 핵을 동위원소(isotope)라고 한다.

양성자(p) 주변을 전자(e^-)가 회전하고 있는 시스템이 바로 수소(水素, H)인데 태양 속에서 이 양성자가 베타붕괴하여 중성자로 바뀌는 경우도 있다. 즉,

$p \rightarrow n + e^+ + \nu$

여기서 e^+는 양전자이며 ν는 중성미자(中性微子, neutrino)이다. 핵융합은 이 중성자가 양성자와 결합하여 중수소핵(deuteron, d)을 형성하면서 에너지를 방출한다. 즉, 수식으로 표현하면 $p + n \rightarrow d + \gamma$(감마선) 같이 된다. 이 감마선이 바로 에너지 자체이다.

이렇게 만들어진 중수소 핵에 다시 양성자 1개가 결합하여 헬륨-3 (^3He)이라는 핵을 구성한다. 이와 같이 형성된 헬륨-3 핵이 2개가 결합하여 헬륨-4 (^4He)

를 형성하면서 양성자 2개를 방출하고 동시에 에너지도 방출한다.

$^3He + {}^3He \rightarrow {}^4He + 2p + \gamma$(감마선)

결과적으로는 6개 양성자로부터 헬륨-4를 1개 만들고 2개 양성자와 감마선을 방출하는 것이다. 여기서 헬륨 4는 2개 양성자와 2개 중성자로 구성된 원자핵이다. 태양 속에서 수소를 연료로 이러한 반응이 일어나면서 계속적으로 에너지를 방출하게 된다. 다시 말해서 태양은 수소원자의 가스로 구성되어 있고 중력에 의해 그들이 압축되면서 고밀도, 고온 상태를 형성하여 결국 위와 같은 핵융합을 일으키게 되는 것이다.

케임브리지대학의 애스톤(Francis Aston) 교수가 1919년에 원자핵의 질량을 측정할 수 있는 질량분석기(mass spectrometer)를 발명하였으며, 이것을 이용하여 수소원자와 헬륨4(^4He)의 질량을 측정하였다. 그 결과 놀라운 사실을 알게 되었다. 즉, 헬륨의 질량은 수소의 질량의 4배보다 0.8% 작다는 것이다.

$M(^4He) < \{4 \times M(H)\}$

여기서 $M(^4He)$과 M(H)은 헬륨 ^4He와 수소 H의 질량을 나타낸다.

(질량분석기의 원리에 대해서는 《우주의 비밀》 제3장 3.4절 참조)

헬륨은 양성자 2개와 중성자 2개로 구성되어 있는데, 중성자의 질량과 양성자의 질량은 거의 같다(약 0.1% 정도의 차이로 중성자 질량이 더 크다)는 것을 토대로 하면 헬륨의 질량은 수소 4개의 질량과 같아야 할 것이다. 그럼에도 불구하고 0.8%만큼 헬륨의 질량이 작았다는 사실을 밝혀낸 것이다. 이것은 무엇을 말하고 있는 것일까? 실은 이 작아진 질량을 질량결손(質量缺損, mass defect)이라고 하며, 질량은 에너지이므로 결국 에너지가 작아졌다. 이 에너지가 바로 핵자

(核子)를 묶어놓는 데 쓰인 것이고 속박에너지(binding energy)라고 한다. 이 에너지를 해방시키면 원자력에너지가 되는 것이다.

1920년 에딩턴(Arthur Stanley Eddington 1882. 12. 28~1944. 11. 22)은 애스톤의 결과를 다음과 같이 해석하였다.

"^{4}He는 양성자 4개에 전자 2개가 결합된 것이라고 그는 생각하였다(그 당시 중성자의 존재는 아직 알려지지 않았다). 그래서 수소원자핵, 즉 양성자가 핵융합을 일으켜서 헬륨을 형성한다고 하면, 초당 수소 원자핵 1kg이 핵융합을 할 때 그 0.8%(즉, 8g)가 에너지로 방출된다고 생각하였다. 즉, 1kg 수소 중 8g의 수소원자핵이 초당 에너지로 변한다."

이 견해를 토대로 에딩턴은 태양이 수소로 구성되어 있고, 그것이 핵융합하면서 0.8%를 에너지로 바꾸어서 빛을 내고 있다고 생각하였다. 따라서 태양의 수명이란 연료인 수소를 모두 ^{4}He 핵으로 융합해버렸을 때라고 가정해서 계산한 결과 약 1,000억 년이란 답을 얻었다(자세한 계산은 《우주의 비밀》, 전일동 저, 청문각출판사, 2008년판), 3.5절 참조).

실제로는 이것보다 훨씬 짧은 수명이며, 지금까지 약 50억 년을 지냈고 앞으로 50억 년은 더 살 것으로 알려져 있다.

사실은 위에서 말한 질량결손 0.8%가 다 에너지로 바뀌는 것이 아니라 그것의 약 2~3%만이 에너지로 방출된다. 따라서 태양의 수명은 그만큼 짧아지고 약 30억 년이 되는데, 헬륨이 서로 핵융합함으로써 에너지를 방출할 수 있고, 헬륨보다 더 무거운 핵이 형성되는 과정에서 에너지를 또한 방출할 수 있으며, 그것이 태양에너지 출력에 기여하기 때문에 그만큼 수소연료 소모가 줄어든다.

따라서 수소연료 소모시간이 그만큼 길어진다. 이렇게 하여 결국은 태양의 수명이 약 100억 년으로 산출되는 것이다.

참고로 원자력발전소에서 발전하는 방식은 핵융합이 아니라 핵분열에 의한 것임을 유념해야 한다. 핵분열은 우라늄 핵이 2개의 핵으로 깨지면서 감마선을 방출한다. 이 감마선이 바로 에너지이며 물을 통하여 열에너지로 변환시키고 터빈(Turbine)을 돌리고 전기를 얻는 방식이다.

아인슈타인(좌)과 에딩턴(우). 에딩턴은 영국 켄달(Kendal)에서 출생하였고 케임브리지대학 출신이다. 천체물리학 분야에서 많은 업적을 내었고, 특히 아인슈타인의 일반상대성이론을 뒷받침하는 천체관측은 태양의 개기식을 이용해야 하는데 그 개기식이 1922년에 일어나는 것을 1919년에 예측하였다. 1944년 11월 22일 케임브리지에서 사망했다.

한편으로 태양광선의 스펙트럼을 분석하면 다음과 같은 까만 띠가 군데군데 나타난다. 이 띠는 태양 표면영역에 있는 원소가 흡수한 빛의 스펙트럼을 나타내고 있다. 즉, 이러한 띠 부분에 해당하는 파장을 가진 빛만을 그 원소가 흡수하는 것이다.

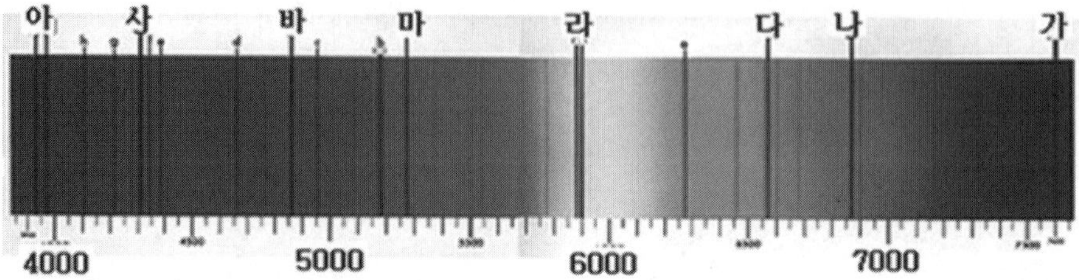

파장(단위 : 옹스트롬 · 1억 분의 1cm)

따라서 태양광의 스펙트럼에 이러한 띠가 나타나면 그 파장의 빛을 흡수하는 원소가 태양 속에 있다는 것을 말해주고 있다. 위 사진에서 각 띠에 표시한 기호는 가&나－산소, 나&바－수소, 라－나트륨, 마－철, 사&아－칼슘을 나타낸다. 태양 속에서 수소가 핵융합을 통하여 차차 더 무거운 핵으로 변해간다. 자연에 다양한 원소가 존재하는데, 그것들이 결국 핵융합으로 생성된 것이다. 또 띠의 강도를 측정함으로써 그 원소의 양을 알아낼 수 있게 되고, 따라서 그 양을 알게 되면 결국 태양의 나이, 수명뿐만 아니라 태양의 크기와 질량도 알아낼 수 있다.

4.3 태양 플레어(Solar Flare)와 코로나(Corona)

태양 플레어는 태양의 코로나 속에서 일어나는 파괴적인 폭발이며, 그 에너지는 수소폭탄의 수억 배 혹은 TNT 폭탄의 수백억 배나 된다. 그리고 전자, 양성자 및 그것들보다 무거운 핵들을 거의 빛의 속도까지 가속시킨다. 따라서 라디오파부터 감마선까지 모든 파장의 전자파를 발사한다.

폭발에 의해 막대한 에너지를 방출하므로 태양 표면의 온도가 6,000K에서 약 2,000K까지 떨어지기도 한다(여기서 K는 절대온도를 나타내며 섭씨 0도는 절대온도 273도이다). 그 점이 바로 태양의 흑점이다. 즉, 태양 플레어가 일어난 장소에는 반드시 태양흑점이 있다. 태양 플레어는 2~3시간 지속될 때도 있으나 대체로 수 분 동안 계속되는 경우가 많다. 태양 플레어가 처음으로 관측된 것은 1859년 9월 영국의 천문학자 리차드 카링톤(Richard Carrington)에 의해서이다. 또한 그것이 과거 500년 동안 가장 강한 것으로 알려져 있다. 태양이 상당히 활발한 시기에는 태양 플레어가 하루에 몇 번씩 일어날 때도 있고, 태양이 조용할 때는 일주일에 한 번 정도 일어나는 것으로 관측되고 있다. 태양의 활동은 약 11년 주기로 되풀이한다. 태양 플레어는 높은 에너지를 가진 입자들로 태양풍(solar wind)을 불게 한다. 이것은 전파교란을 일으키게 하고 인공위성이나 우주탐사에 여러 가지 문제를 야기하기도 한다.

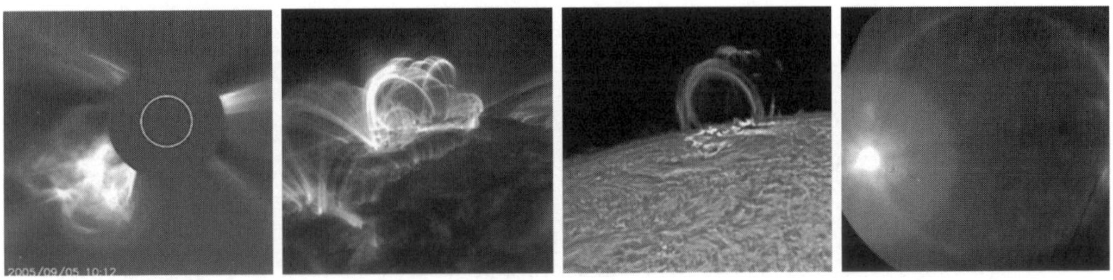

태양의 플레어

위 사진들은 여러 형태로 발생한 태양 플레어를 나타낸 것이며 태양 플레어가 발생하면 그 위치의 태양표면온도가 떨어져서 결국은 태양흑점으로 보이는 것이다.

리차드 카링톤(Richard Carrington, 1826~1875)

1826년 5월 26일 영국 첼시(Chelsea)에서 유복한 맥주 양조업자의 차남으로 태어났다. 처음에는 성직자가 될 계획이었으나 1844년 케임브리지대학의 트리니티칼리지에 입학하여 신학을 공부하였다. 1848년 졸업하였으나 천문학에 매료되어 1849년 더햄(Durham)대학 천문관측소에서의 연구에 참여하게 된다. 그러나 1852년 연구원 자리를 사임하고 사제를 투입해서 사설 관측소를 서리(Surrey)의 레드힐(Redhill)에 건설한다. 태양을 주로 관측하였고 1851년 왕립 천문학회(Royal Astronomical Society) 회원이 되었으며, 1857~1862년에는 그곳의 사무총장직을 맡게 되었다. 1857년 왕립천문학회로부터 금메달을 수여받기도 하였다. 그간 태양의 흑점을 관측하여 태양흑점 주기(sunspot cycle)에 관한 데이터를 많이 제시하였으나 1875년 뇌출혈로 사망하였다.

플레어는 보통 수소원자로부터 나온 빛(H-alpha, 스펙트럼 선)을 필터를 통하여 관측한다. 아래 사진은 1971년 10월 10일 태양의 팔 부분에서 분출된 물질(플레어, Flare)을 나타내며, 옆에 있는 사진은 1972년 8월 7일 관측된 태양 원판 위에 나타난 강력한 플레어이다. 오른쪽 사진의 밑에 있는 작은 사진은 태양흑점이다. 태양 플레어가 발생하면 그 위치의 태양 표면온도가 떨어져서 결국은 태양흑점으로 보이는 것이다.

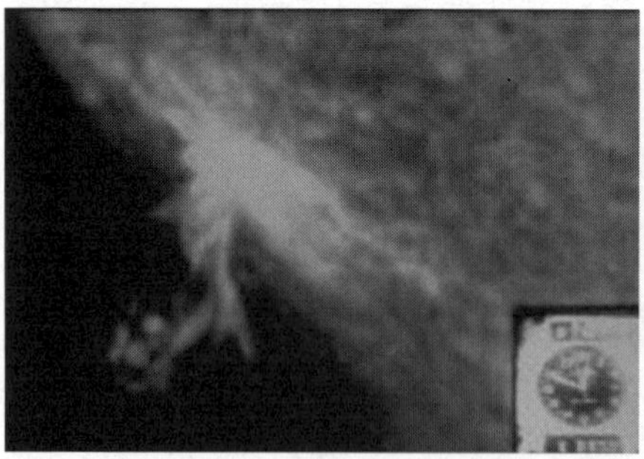

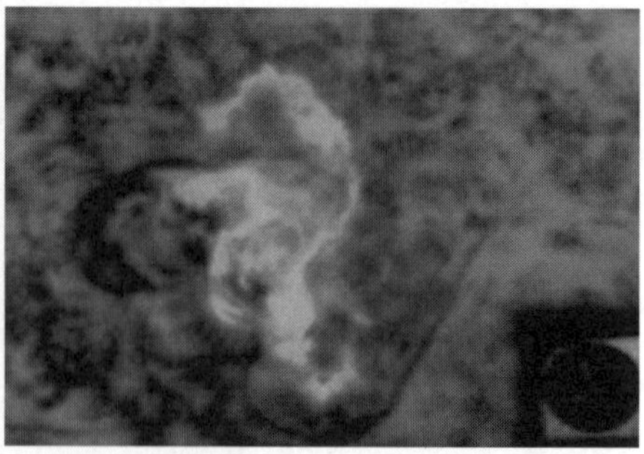

(Courtesy of SOHO(ESA&NASA)) (SOHO = Solar and Heliospheric Observatory)

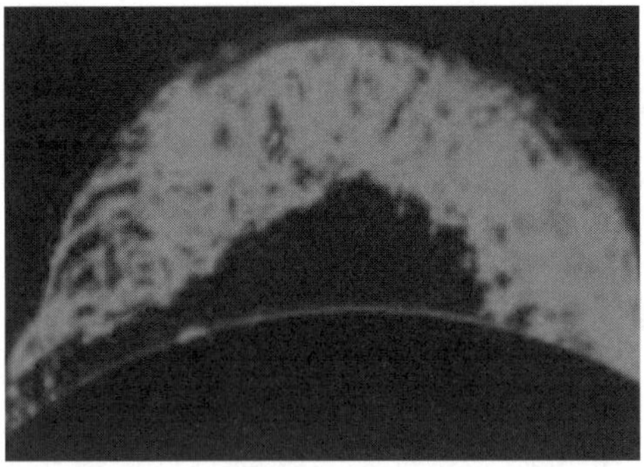

보통 태양 표면의 온도는 약 6,000도인데 바깥 부분(코로나, corona)은 100만 도 이상이나 된다. 그런데 비교적 좁은 영역에서 왜 극단적으로 온도가 솟아오르는지 그 이유는 아직 규명되지 않았다. 몇 초 사이에 물질을 수백만 도까지 올리고 수십억 톤(ton)의 물질을 우주공간에 뿜어내는 정확한 원인을 아직 알지 못하고 있다. 또 이러한 현상의 역학적 메커니즘도 수수께끼로 남아 있으며 그것이 얼마나 큰지, 또한 어디에 나타나는지 예측할 수 없다.

태양의 표면에는 입자들이 분출되고 있으므로 자기장이 강하게 나타난다. 그 모양을 위의 사진에서 볼 수 있다.

다음 사진은 태양의 코로나인데 이것은 태양의 대기권이다. 태양의 완전한 개기식일 때 볼 수가 있으며, 태양 주변에 하얀 환(crown)으로 나타난다. 이것은 입자들이 방출되고 있는 모습이다. 양성자, 중성자, 혹은 원자핵이나 광자들이 우주공간에 솟아오르는 모습이 코로나로서 우리 눈에 보이는 것이다.

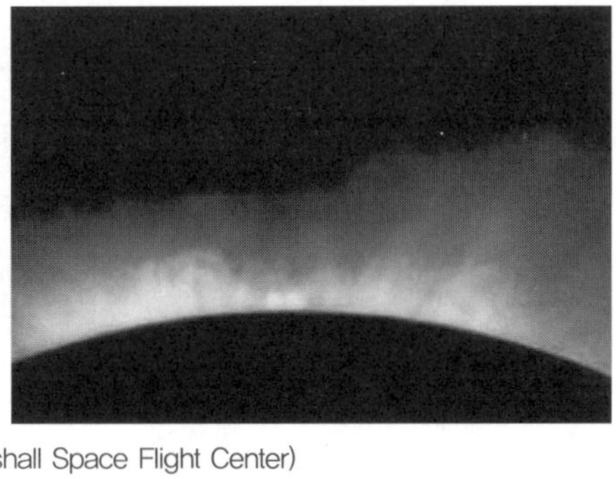

필터를 사용하여 찍은 코로나(Courtesy of NASA, Marshall Space Flight Center)

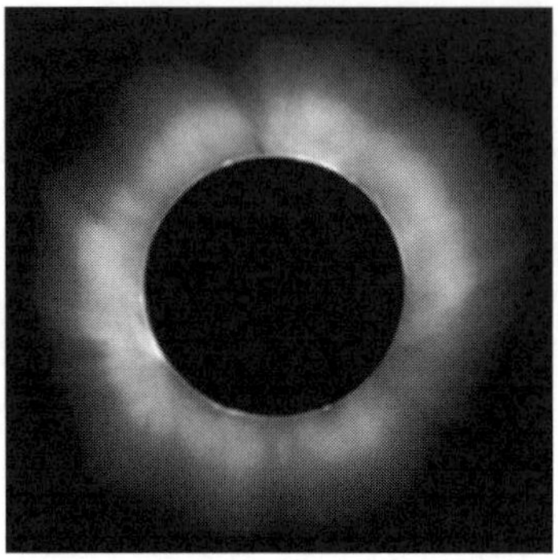

옆의 사진은 태양의 대기권이다. 개기일식 때 찍은 것으로 수백만 km에 달한다. 5개 층으로 분류되는데, 최저온도영역(temperature minimum), 유색영역(chromospheres), 전이영역(transition region), 코로나(corona), 빛을 내는 영역(heliosphere) 들이다. 여기서 유색영역, 전이영역, 코로나 들은 태양의 표면온도보다 훨씬 높다. 그 이유는 아직 알려지지 않고 있다. 최저온도영역은 약 2,000km 두께이며, 태양표면(photosphere)으로부터 약 500km 정도가 가장 낮은 온도로 약 4,000도이다. 유색영역은 10만 도 이상의 고온이고 그 위에 있는 전이영역은 100만 도에 달한다.

자기장(磁氣場)

태양은 온도가 높아서 모든 물질이 가스와 플라즈마(plasma) 형태로 존재한다. 적도면에서의 자전은 약 25일 주기이지만 그것보다 높은 위도에서는 주기가 더욱 길어지고 북극 근처에서는 약 35일이다. 이러한 차이가 태양의 자기장의 자력선(磁力線)을 꼬이(twist)게 만든다. 이것이 태양흑점 형성에도 영향을 준다. 또한 태양의 발전기 역할을 만들어낸다. 이러한 꼬임운동이 플라즈마에 영향을 주므로 태양권(heliosphere) 속에 어떤 흐름(current) 띠(옆의 그림 참조)를 만들어낸다. 이 띠는 태양계의 다른 행성까지 도달한다.

4.4 태양흑점(sunspot)

1610년 갈릴레이가 자신의 망원경으로 관측한 것이 유럽에서는 처음이다. 매일 관측하는 일이 시작된 것은 1749년 스위스의 츄리히(Zurich) 관측소에서였다.

'흑점 수' 가 관측된 것도 그 후인데 월 평균 흑점 수를 기록하고 연도별로 통계 처리한 것을 아래와 같이 나타내었다.

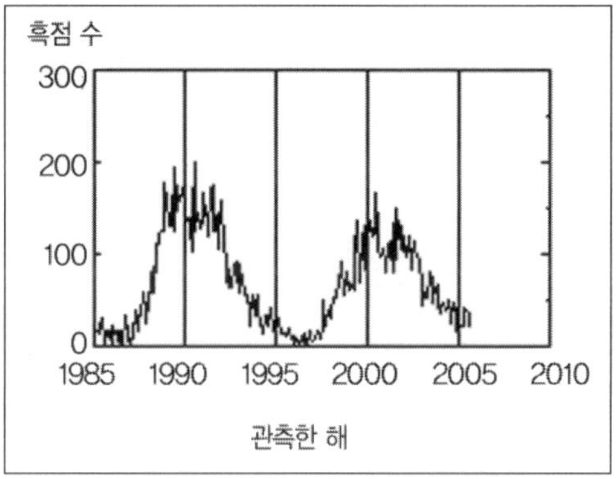

이 그래프를 보면 흑점이 많이 나타나는 주기가 대략 11년이라는 것을 알게 된다. 또한 그 수가 거의 0에서 150개 정도로 분포되어 있다.

태양흑점을 관리·기록하는 기관이 세계적으로 2개가 있는데 벨기에에 있는 SIDC(The Sunspot Index Data Center)와 미국에 있는 NOAA(The US National Oceanic and Atomospheric Administration)이다.

자세한 태양흑점 관측은 1874년 이래 영국의 왕립 그리니치천문대에서 실행되어왔으며 그 크기, 위치, 그리고 수를 관측해왔다. 태양흑점은 태양표면 아무데나 나타나는 것이 아니라 적도 양쪽의 위도 30도 내에 나타난다. 다음(100쪽) 사진에서 보이는 것 같이 나비 모양으로 나타난다.

이러한 관측결과는 태양흑점이 어디에, 언제, 얼마만큼이 나타나는지 예측하는 데 도움이 될 것이다. 그러나 왜 그러한 바탕을 갖고 나타나는지 지금까지 규명되어 있지 않다. 특히 왜 적도(Equator) 근처에만 집중되는지 정말로 신기하다.

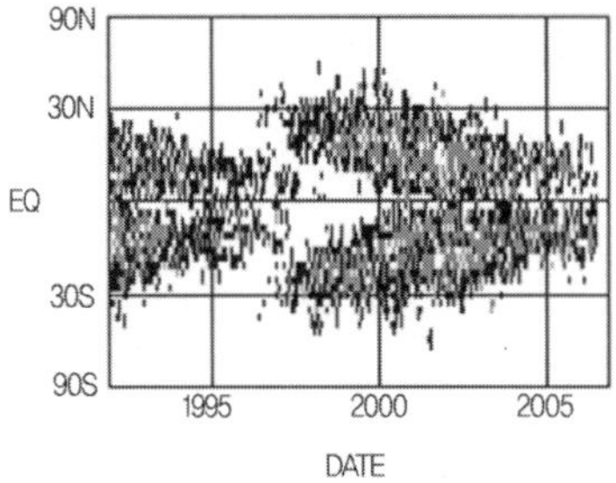

이 사진에서 EQ는 적도를 나타내고 30N, 90N는 북위 30도, 북위 90도를 나타내고 있다. 30S, 90S는 남위를 나타낸 것이다. DATE는 물론 연도를 나타내고 있다.

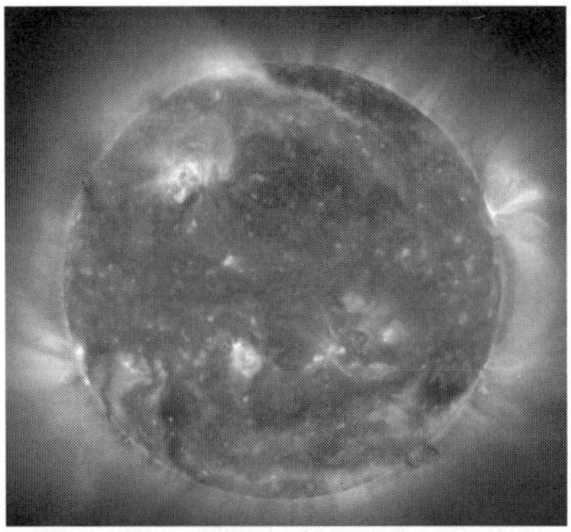

이 사진은 EIT(Extreme-Ultraviolet Imaging Telescope)로 1998년에 찍은 태양의 다색(多色) 사진이다. 즉, 여러 파장의 자외선 사진을 합성한 것인데 태양의 흑점을 뚜렷하게 볼 수 있다. 바깥 부분에 태양 플레어가 보인다.

이 사진에서 보듯 태양은 거의 구형이며 그 경계선이 확실한 것 같이 보이지만 사실은 지구나 달같이 단단한 고형물질로 구성된 것이 아니라 가스 상태이므로 경계선이 그렇게 뚜렷한 것은 아니다. 밝은 부분이 태양흑점을 나타내고 있다.

4.5 태양의 내부

태양의 핵심부분	밀도 : cm^3당 156g(즉, $156g/cm^3$)
	온도 : 1,500만 도
	압력 : 2,390억 기압

위에서 말한 바와 같이 태양은 주로 수소로 구성되어 있으나 핵융합에 의해 이미 다른 핵들이 생성되어 있으므로 내부 구조는 그렇게 단순한 것이 아니다. 수소는 가스상태이며 더 무거운 핵들은 내부에 집중될 것이다. 중력에 의해 내부의 밀도는 외부보다 훨씬 높아진다. 태양의 핵심 부분에서는 밀도가 $1cm^3$당 156g이고 온도는 1,500만 도이다. 그 압력은 2.39×10^{17} dyn/cm^2이다.

태양의 내부 구조는 중심부에 핵심이 있고 그것에서 핵융합이 일어나고 그 복사가 바깥쪽으로 퍼져나가는데, 이 부분을 복사영역(Radiation Zone)이라고 하며 그밖에 대류(對流)가 있는 부분, 즉 대류영역(Convection Zone)이 있다. 이 영역을 벗어나면 빛을 방사하는 빛 표면(Photosphere)이 형성되어 있다. 태양의 외각은 바로 태양코로나(solar corona) 영역이다.

태양은 핵융합을 계속하여 그 연료, 즉 수소를 거의 소모해가면 이제 에너지를 생산하지 못하게 되므로 죽게 되는데 나중에 알게 되지만 그 질량이 부족해서 초신성(supernova)같이 화려한 죽음을 맞이할 수 없고, 결국은 적색거성(赤色巨星)이 된다. 이제 태양으로서의 역할은 다 끝낸 것이다.

별의 진화과정에 대해서는 나중에 공부하기로 한다.

태양은 영어로 Sun이라고 하지만 라틴어로는 Sol, 그리스어로는 Helios라고 한다. 평균반지름은 139만 2,000km이며 부피는 위에서 말했지만 1,410조의 1조 배(즉, 1.41×10^{27})m^3이다. 우리은하의 은하 중심으로부터 약 2,500조 km(즉,

2.5×10^{15}km)에 있고 은하 중심 주변을 약 220km/s의 속도로 회전하며 약 2억 4,000만 년에 한 바퀴 돈다. 질량은 약 2×10^{30}kg, 밀도는 1m^3당 약 1.4톤이다. 태양의 질량 중 대부분이 반지름 70% 내에 모여 있고, 태양의 핵심(Core)은 반지름 20% 내에 있는데 그 밀도는 약 15만 kg/m^3(즉, m^3당 150톤)이다. 핵심 바깥 부분의 온도는 약 1,400만 도이며 표면의 온도는 약 6,000도이다.

태양은 지구처럼 자전하고 있으며, 그 주기는 적도면에서 25.38일(25일 9시 7분. 13초)이다. 그 회전속도는 시속 7,174km이다. 태양 에너지는 핵융합에 의해 생성되는데 양성자가 헬륨으로 융합될 때 초당 9×10^{37}개(즉, 90조의 1조 배의 1조 배)의 양성자가 소모된다.

태양의 핵융합은 밀도에 의존하며 약간 높은 융합율(융합이 일어나는 확률)이 핵심을 더 뜨겁게 만들고 결과적으로 약간 부피가 늘어난다. 따라서 밀도가 약간 떨어지므로 핵융합율이 낮아진다. 결과적으로 핵심의 온도가 약간 떨어지며 부피가 줄어들고 밀도가 약간 올라가게 된다. 태양은 이러한 과정을 되풀이하는 것이다.

핵융합이 일어날 때 방출된 광자(photon)는 서서히 태양의 표면영역 쪽으로 이동하는데 중간에서 흡수와 재방출을 되풀이하면서 빛 표면(photosphere)영역까지 도달하는 시간은 약 5,000만 년이 걸린다. 광자와 대조적으로 핵심에서 생성된 중성미자(Neutrino)는 거의 물질과 상호작용하지 않기 때문에 생성된 즉시 태양 밖으로 방출된다.

여기서 빛 표면(photosphere)에 있는 원자의 구성을 보자. 질량으로 따지면 다음과 같다.

●● 빛 표면에 있는 원자의 구성 비율

수소(Hydrogen)	73.46 %
헬륨(Helium)	24.85
산소(Oxygen)	0.77
탄소(Cabon)	0.29
철(Iron)	0.16
유황(Sulphur)	0.12
네온(Neon)	0.12
질소(Nitrogen)	0.09
규소(Silicon)	0.07
마그네슘(Magnecium)	0.05

태양의 생애

태양의 생애에 대해 앞에서 간략하게 언급하였으나 여기서 좀 더 자세히 살펴보자.

- 태양은 그 에너지가 핵융합에 의해 생산된다.
- 초당 약 1억 5,000만 톤의 물질이 태양의 핵심에서 에너지로 바뀌고 있다.
- 태양은 이미 약 50억 년을 주계열성(主系列, main sequence, 5장에 있는 HR도표 참조) 속에서 지냈다. 그러나 질량이 부족해서 초신성같이 화려한 폭발을 일으키지 못하고 조용히 그 생애를 마감할 것으로 알려져 있다. 앞으로 약 50억 년 후에는 적색거성 형태로 전이될 것이다.
- 핵심에 있는 수소연료가 소모되어 감에 따라 온도가 상승하고 그 핵심이 줄

어든다. 핵심온도가 약 1억 도에 달하면 헬륨융합이 시작되고 탄소나 산소가 형성된다. 이때 태양의 외각은 팽창(적색거성)하여 지구의 궤도까지 도달할 것이다. 최근의 연구에 의하면 적색거성이 되기 전에 태양이 질량을 많이 잃고 중력이 약화된다. 따라서 지구의 궤도는 지금의 궤도보다 더 바깥쪽으로 밀려나게 되고 결국은 태양 속으로 빨려 들어가지 않을 것이라고 한다. 그러나 지구상의 물은 증발하여 거의 다 우주공간에 날아갈 것이다.

- 적색거성이 되고 난 후는 강한 열역학적인 맥박진동 때문에 외부층이 태양으로부터 떨어져나가 행성상성운(planetary nebula)을 형성한다. 5장에서 NGC6751의 사진이 소개되어 있는데, 아마 태양도 그러한 모습으로 바뀔 것이다.

태양의 외각이 떨어져나간 후에 극도로 온도가 높은 별의 핵심만이 남는다. 그것이 천천히 식어가며 수십억 년에 걸쳐서 백색왜성(white dwarf)으로 변해간다. 그 후에 그것이 다시 새로운 별을 형성하게 된다. 즉, 새로운 별의 탄생이다. 이렇게 별들은 생애 사이클을 되풀이하는 운명을 갖고 있는 것이다.

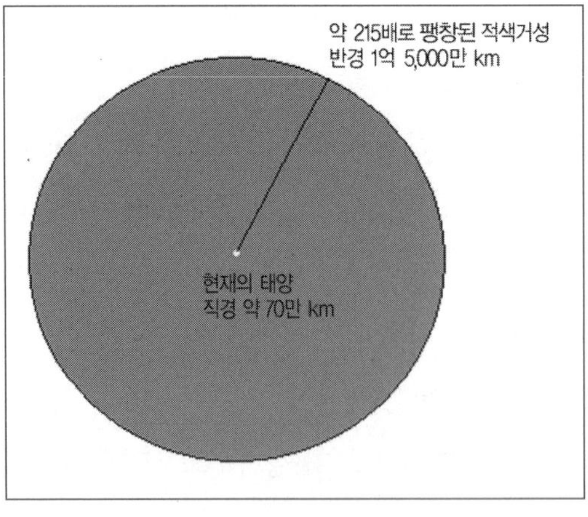

이와 같이 태양의 운명을 살펴보았다. 태양은 우리에게 가장 소중한 별이며, 인류 역사상 제일 먼저 인간에게 알려졌고 가장 큰 영향을 미친 별이다. 그 태양을 우리가 모르고 지낼 수는 없을 것이다.

제5장

살아 있는 별들

태양보다 질량이 1.44배 이상 더 큰 별들의 운명은 더 드라마틱하다. '초신성 폭발'이라고 하는 거대한 폭발을 일으키면서 그 생애를 마감하고, 중성자별 혹은 블랙홀이 되기도 한다. 이 폭발로 은하 전체가 수개월 동안 환하게 빛난다. 그 밝기는 태양의 수억 배 내지 100억 배나 되는 것도 있고, 날라간 가스는 초신성의 잔해로 X선이나 전파를 발사한다.

제 5장

the universe

살아 있는 별들

5.1 헤르츠스프룽(Hertzsprung) – 러셀(Russell) 도표

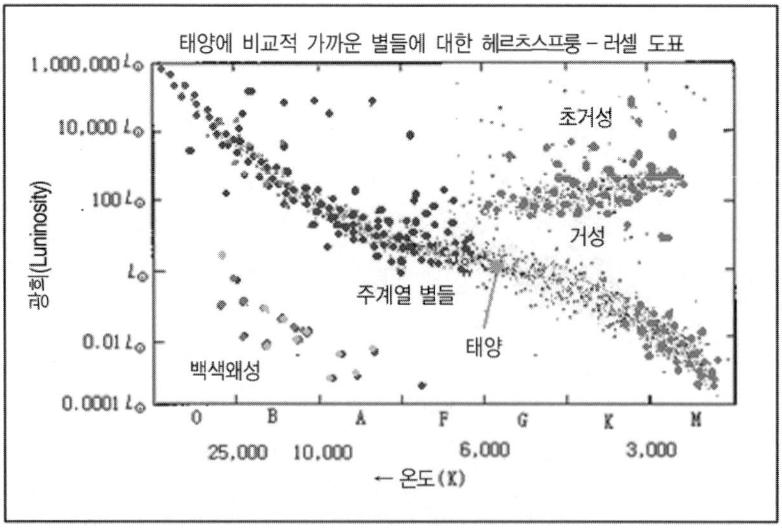

덴마크의 천문학자 헤르츠스프룽(Enjar Hertzsprung)과 미국의 천문학자 러셀(Henry Norris Russell)이 각각 1907년과 1913년에 독립적으로 고안해낸 별의 표면온도와 그 밝기를 2차원적으로 분류한 도표를 만들었다. 이것을 HR도표라고 하는데 별의 진화와 내부 구조를 고찰할 때 중요한 자료가 되며 항성(恒星)진화론과 밀접한 관계가 있다.

이 HR도표는 온도와 밝기(luminosity) 사이의 관계를 나타낸 것인데, 여기서 기호 L⊙는 태양의 밝기를 나타내고, 그것을 단위로 별들의 밝기가 표시되어 있다. 온도는 절대온도로 표시되어 있다. 오른쪽 윗부분에 초거성(supergiant), 그 아래에 거성(giant)이 분포되어 있다. 대각선에 있는 별들을 주계열성이라고 한다. 왼쪽 아래는 백색왜성(白色矮星, White Dwarf) 들이 자리 잡고 있다.

엔야 헤르츠스프룽(Enjar Hertzsprung, 1873~1967)

덴마크의 천문학자로 부친은 공무원이었지만 천문학 박사학위를 갖고 있었다. 코펜하겐 공과대학 화공과를 1898년에 졸업하였다. 그 후 러시아 상트페테르부르크에서 화학기술자로 일하다가 1901년 독일 라이프치히에서 오스트발트 교수 밑에서 광화학을 연구하였다. 그 다음 해에 귀국하여 흑체복사이론(Max Planck 이론)과 빛방사에 관심을 갖고 천문학 연구를 시작하였다. 1907년 별의 빛과 색깔 사이의 관계에 관한 논문(Zur Strahlung der Sterne)을 발표하였으나 러셀의 발견이 발표될 때까지 주목을 받지 못하였다. 1909년 포츠담천체물리관측소 연구원, 1919년 화란 라이덴대학 천문대 조교수,

1935~1944년까지는 그 천문대 대장을 지냈다. 변광성(Cepheid)을 관측함으로써 소마젤란 성운의 거리를 결정한 것을 비롯하여 성운에 관한 연구 및 연성(binary star)에 관한 연구 등 많은 업적을 남겼다.

헨리 러셀(Henry Norris Russell, 1877~1957)

미국인 천문학자이다. 부친은 교사였으며, 프린스턴대학을 졸업하였고, 1900년에 소행성 에로스(Eros)의 섭동운동(攝動運動)에 관한 연구로 박사학위를 취득한 후 영국 케임브리지대학의 천문대 및 캐번디시(Cavendish)연구소 등에서 연구하고 1905년에 귀국하였다. 프린스턴대학의 강사로서 봉직하고 1911년 교수로 승진하였다. 1912~1947년까지 그 대학의 천문대 대장을 역임하였다. 업적으로는 변광성의 광도변화 분석 및 그것을 토대로 별의 밀도와 질량 등을 결정하였다. 연주시차(年周 視差)의 사진 분석을 기초로 광도와 스펙트럼 사이의 관계를 발견하여 1931년에 발표하였다. 이것이 오늘날 헤르츠스프룽-러셀 도표(Hertzsprung-Russell diagram)로 알려져 있다. 기타 태양의 스펙트럼 흡수선 연구 또한 별의 대기 중에 있는 원소비율 결정 등 많은 업적을 남겼다.

별의 밝기(혹은 휘도(輝度))는 그 별의 질량과 밀접한 관계가 있다. 아래 그림은 250개 연성을 관측하여 얻어낸 별들의 질량과 휘도 사이의 관계를 나타낸 것이다(데이터는 High Beam Encyclopedia 《free mass-luminosity relation information》에서 인용하였다). 이 별들 중 많은 것들이 주계열에 속하지 않기 때문에 약간 분산되어 있지만 대체로 직선관계가 있다. 점은 관측결과이며 대략 직선상에 있고 별들의 밝기는 질량의 약 3.9승에 비례한다는 사실을 나타내고 있다. 이 결과에 대한 이론적 해석은 영국의 에딩턴에 의해 주어졌다.

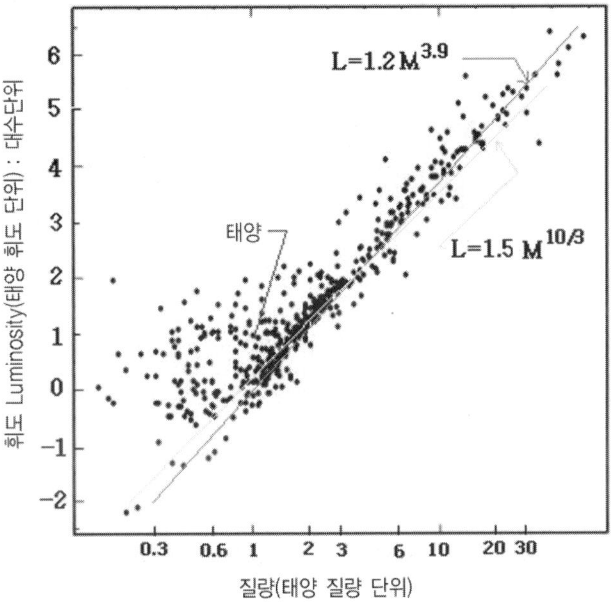

별은 어느 시기에 탄생하고 성장하여 결국은 노화되어 사라지는 생애를 진행한다. 처음에 원시별로 탄생하여 HR도표에 나타낸 주계열별로 성장하고 시간이 지나면서 적색거성이 된다. 경우에 따라서 초신성으로 변하고 폭발하여 그 핵심에 백색왜성이 남게 된다. 이 백색왜성이 다시 별로 태어날 수도 있고, 경우에 따라 붕괴하여 중성자별로 진화하고, 최종적으로 블랙홀로 변신한다. 블랙홀은 별의 시체이다.

이러한 단계적 변화를 자세히 알아보기로 하자.

5.2 별의 진화 : 원시별, 주계열성, 적색거성, 백색왜성

(1) 원시별(protostar)

원시별은 그 주변에 모여 있는 저온가스와 성간(星間) 먼지들이 중력에 의해 서서히 모여들고 구름을 형성하여 상대적으로 밀도가 커진 상태를 말하며, 이것이 회전하면서 차차 밀도를 더 올리고 별로 성장해간다.

1999년 1월 14일에 하와이 마우나케야(Mauna Kea)산에 설치된 일본의 수바루(Subaru) 망원경을 사용하여 적외선 카메라로 원시별 L1551-IRS5를 촬영하는데 성공하였다. 지구로부터 약 450광년 떨어진 위치에 막 탄생하고 있는 2개의 원시별이 연성을 형성하고 있는 것이 확인되었다. 녹색의 띠가 나와 있는데 그것은 철 이온이 내는 빛으로 그 길이는 1억 5,000만 km에 달한다. 이것은 태양과 지구 사이의 거리와 같다. 별의 초기에 철을 포함하고 있다는 것은 있을 수 없다. 왜냐하면 별은 핵융합을 통하여 에너지를 생산하고 성장하는데 수소부터 시작하여 차차 무거운 핵을 형성해나가기 때문에 초기단계부터 철 같은 무거운 핵을 갖지는 못하기 때문이다. 그래서 이 L1551-IRS5는 우주공간에 떠다니고 있는 먼지(철도 포함되어 있다)들이 모여서 형성되었다고 할 수 있는 것이다. 이것이 원시별로서 인정하는 이유이다.

핵융합이 일어나고 있는 별의 중심부(core)에서는 막강한 열(에너지)이 발생하고 있는데 이러한 핵융합을 지속적으로 일으키기 위해서는 수소원자가 많이 있어야 하는데 별이 갖고 있는 수소량의 약 20%가 별의 중심부에 있고 그들이 핵융합의 연료로 쓰인다.

(2) 주계열(main sequence)

주계열에 머물고 있는 별들의 진화과정을 요약해보면 다음과 같다.

별의 중심부에 있는 수소는 핵융합을 통하여 결국은 He(헬륨 핵)으로 바뀐다.

수소가 소모되어가면 핵융합의 효율이 떨어지고 따라서 열 공급이 줄어든다. 때문에 별 중심부의 온도가 급속도로 떨어진다. 온도가 떨어지면 핵융합을 일으킬 수 없게 되어 별의 핵심을 둘러싼 수소층이 핵융합에 쓰이지 않은 채 팽창하기 시작한다.

핵융합의 효율이 떨어짐에 따라 일어나는 붕괴(collapse)를 막으려고 하며, 결과적으로 적색거성(red giant)으로 변한다. 팽창함에 따라 바깥쪽의 층이 식으면서 그 색깔이 빨갛게 변하는 것이다. 이 사정은 주계열에 속하는 별들의 경우이며 태양이 그 전형적인 예라 할 수 있다.

(3) 적색거성(red giant)

주계열에 있는 별이 일반적으로 빨리 적색거성으로 바뀌지만 미라(Mira)같은 천천히 변하는 별도 있다. 이러한 거성을 〈불안정 적색거성〉이라고 한다. 고래좌(Cetus) 속의 미라는 지구로부터 약 245광년(400광년이라고도 한다) 떨어져 있으며 태양보다 200배 이상(440배라고도 한다)되는 큰 초거성(超巨星, super giant)이다.

아래 사진은 X-선 관측위성 찬드라(Chandra)로 찍은 미라(Mira)이다. 사실 미라는 변광성(變光星, variable star)이며 2.0등급으로부터 4.9등급 사이를 약 332일

주기로 변한다. 이렇게 밝기를 주기적으로 바꾸는 별은 미라 A이며, 동반자 미라 B는 백색왜성으로 인식되어 있다. 2005년 미국의 X-선 관측위성 찬드라가 찍은 사진을 분석해본 결과 미라 A는 X-선 다발(burst)를 내고 있고, 그의 물질이 미라 B에 유인 흡수되는 것이 확인되었다. 또한 1995년 허블(Hubble) 우주망원경에 의해 미라 A와 미라 B 사이의 거리가 70AU(1AU=1억 5천만 km), 즉 태양-지구 사이 거리의 70배임이 밝혀졌다.

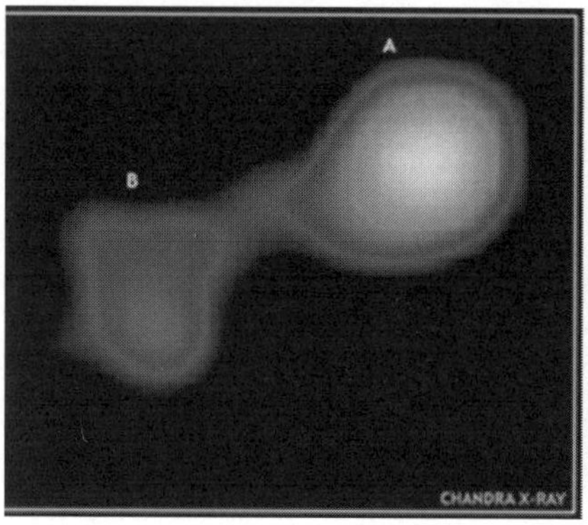

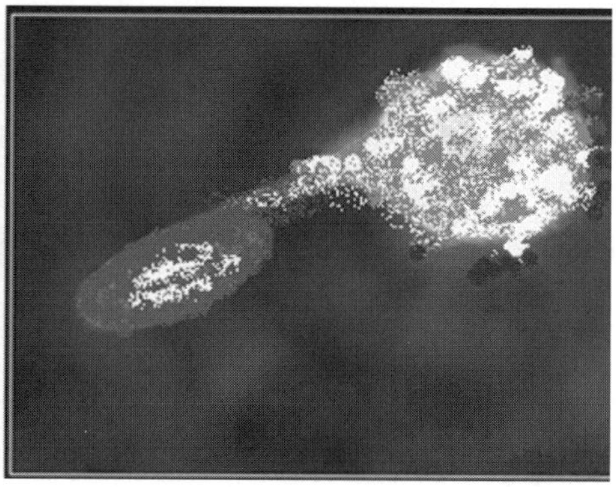

찬드라가 찍은 사진으로 미라 A는 적색거성이고 미라 B는 백색왜성(왼쪽). 미라 A의 물질이 미라 B에 유인 흡수되는 모습(오른쪽).

파브리시우스

브웰러

적색거성은 1596년 8월 3일 독일의 성직자 파브리시우스(David Fabricius, 1564~1617)에 의해 발견되었고 1662년 헤벨리우스(Johannes Hevelius)가 「Historiora Mira Stella」란 논문을 쓰면서 라틴어로 수수께끼를 의미하는 미라란 이름을 붙였다. 1667년 프랑스의 아마 천문학자 브월러(Ismail Bouillaud)가 미라의 변광주기가 333일이라고 발표하였다.

(4) 백색왜성(white dwarf)

적색거성 단계에 있을 때 중력붕괴(collapse)에 의해 수축한 별의 핵심은 아직도 충분히 뜨겁고 헬륨(He)이 핵융합하여 더 무거운 핵으로 변한다. 만약에 핵심에 헬륨을 공급하지 못하게 되면 내부 압력(복사압, radiation pressure)이 떨어져서 결국은 별이 무너지게 된다(즉, star collapse가 일어나는 것이다).

결과적으로 별이 작아지고 따라서 열에너지가 집중됨으로써 백색고온상태, 즉 백색왜성이 된다. 백색왜성은 태양보다 훨씬 작고, 고밀도, 고온이다. 그 밀도는 물의 밀도보다 10만 배 이상까지 도달한다. 여기서 참고로 물의 밀도는 $1cm^3$의 물의 무게가 1g이라는 것이다. 따라서 백색왜성의 밀도는 $1cm^3$ 당 100kg 이상의 무게를 갖고 있다. 온도는 약 1만~10만 도 정도로 태양 표면(약 6,000도)보다 뜨겁다.

백색왜성은 1910년 하버드대학의 에드워드 피커링(Edward Pickering)에 의해 발견되었다.

피커링(Edward Charles Pickering, 1846~1919)

그는 하버드대학 졸업생이며, MIT(Massachusetts Institute of Technology)에서 10년간 물리학을 가르치면서 미국에서 처음으로 실험물리연구실을 개설하였다. 나이 30세에 하버드대학 천문대(Harvard College Observatory) 대장으로 임명

되었고 42년 동안 그 자리를 지켰다. 그는 연구원들과 같이 4만 5,000개에 달하는 별을 관측하여 분류해서 헨리 드레이퍼 분류표(Henry Draper Catologue)를 제작하였다. 드레이퍼(Henry Draper)의 미망인이 제공한 기부금으로 몇 명의 여성 과학자를 고용하였는데 변광성 관측에서 큰 업적을 남긴 리비트(Henrietta Leavitt)도 그중에 포함되었다. 또 그는 1910년 백색왜성을 발견하였다.

일반적으로 HR-도표의 A부류에 속하며, 우리은하를 포함하여 그 주변에서 발견되는 백색왜성은 시각적 측정에 의하면 약 6.5 광년 정도의 거리에 있다. 방출하는 빛의 강도는 태양보다 훨씬 뜨거운데도 불구하고 그 부피는 태양보다 약 100만 분의 1 정도로 작다. 크기는 지구의 약 1.3배 정도이다.

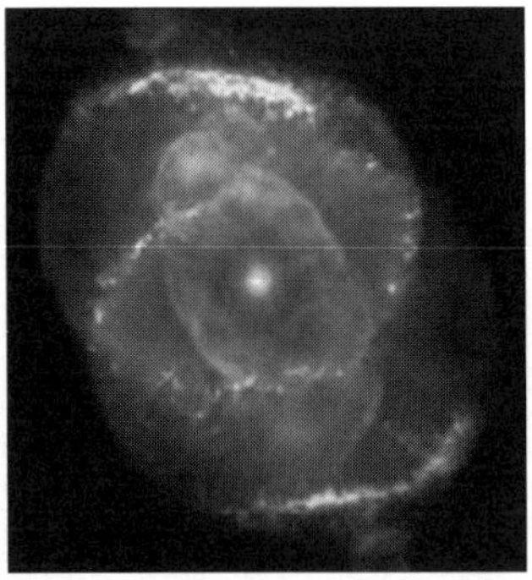

고양이 눈 은하(NGC 6543)

적색거성은 사방에 가스를 분출하고 이 가스 껍질은 점점 확산되어간다. 이 가스 껍질을 행성상성운(planetary nebula)이라고 하며, 왼쪽 사진에 나타난 것은 '고양이 눈 은하(Cats Eye Nebula)', 즉 NGC6543이다. 그 중심부에 중력 붕괴(collapse)하여 형성된 백색왜성이 보인다(중심부의 하얀색 부분).

아래 사진은 1764년 메시에(Charles Messier)에 의해 발견된 행성상성운 M27(혹은 NGC6853)으로 지구로부터 1,360광년 떨어진 곳에 있는 아령형 성운(Dumbbell Nebula)이다.

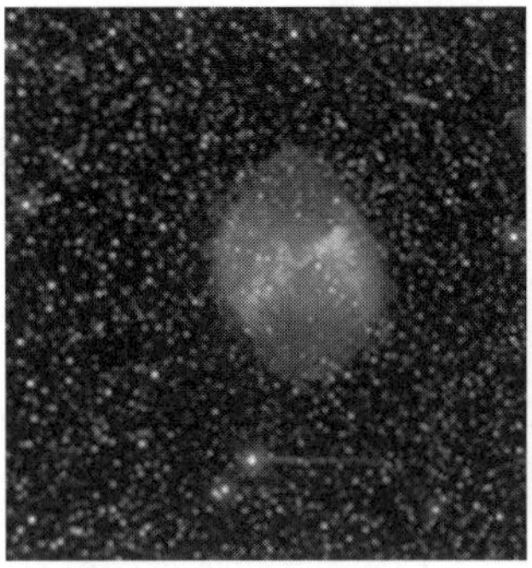
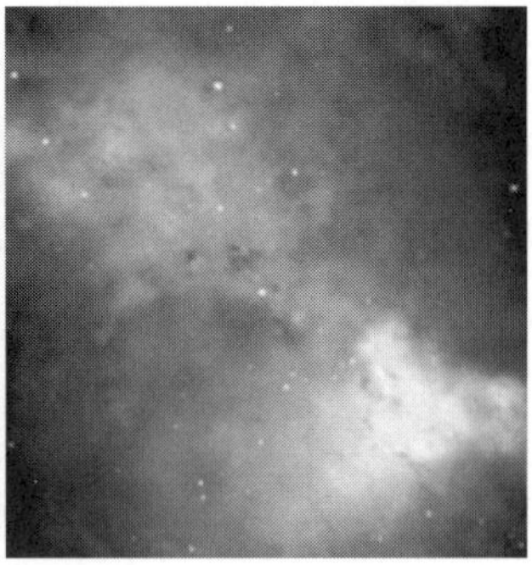

아령형 성운(NGC 6853)

보통 행성상성운은 육안으로는 보이지 않는다.

아래 사진은 고리형 성운(Ring Nebula) M57(NGC6720)이며, 폭은 약 0.5광년이다. 역시 중심부에 백색왜성이 있고 그것으로부터 방출된 가스가 사방에 확산하고 있는 모습을 보이고 있다. 거리는 지구로부터 약 4,000광년이며, 불행하게도 이 행성상성운은 지금부터 약 5만 년 후에는 볼 수 없게 된다.

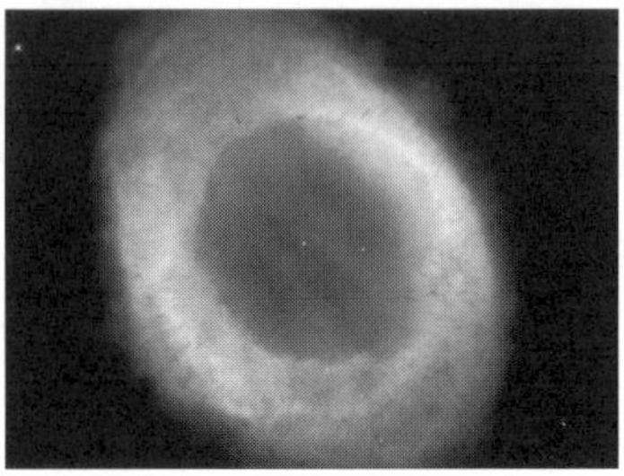

고리형 성운(M57, NGC 6720)

① 백색왜성의 형성과정

태양 같은 별이 핵연료를 완전히 태워버린 후 나타내는 모습이 바로 백색왜성이다. 핵연료를 태우면서 마지막에 가까워지면 바깥쪽에 있는 물질 대부분을 뿜어내고 커다란 별, 즉 적색거성(Red Giant)이 되고 내부에 아주 뜨거운 핵심(core)만이 남을 때까지 분출하게 된다. 남은 핵심이 10만 도 이상인 젊은 고온의 백색왜성으로 변신한다. 만약에 그 주변에 있는 별로부터 물질을 빨아들이지 않는 한 그 높은 온도를 이제 유지하지 못하므로 결국 약 10억 년 동안 서서히 식어간다. 이 과정에서 젊은 백색왜성은 저에너지 X-선의 소스로서 관측된다.

전형적인 백색왜성은 태양질량의 반 정도의 질량을 갖고 있으면서 지구보다 약간 큰 크기를 갖고 있다. 이 백색왜성은 물질이 형성할 수 있는 가장 높은 밀도를 갖고 있으며 중성자별만이 그것보다 큰 밀도를 갖고 있다.

핵심은 밖으로부터 물질이 공급되지 않으면 에너지를 X-선으로 방출하므로 식어가는 것만 아니라 중력붕괴(중력은 인력이므로 내부를 향하고 있고 계속적으로 안쪽 방향의 압력을 증강하게 된다)를 지탱할 수 없게 된다. 연료가 충분히 남아 있을 때는 핵융합에 의해 밖으로 밀어내는 힘이 발생하여 중력붕괴를 막을 수 있으나 연료가 소진되면 중력붕괴를 막지 못하고 그 밀도가 극단적으로 커진다. 전형적인 경우가 지구 정도의 크기에 태양질량과 같은 양의 질량이 꽉 찬 상태이다.

이렇게 상대적으로 조용히 연소(燃消)하면서 백색왜성으로 되는 경우는 나중에 설명하는 초신성(supernova)이 될 요건이 되지 않기 때문이다. 별이 자기 스스로 빛을 낼 수 있는 요건은 그 별의 질량이 다음과 같은 크기를 가지고 있어야 한다.

(태양질량의 10분의 1) 〈 M 〈 (태양질량의 50배)

그리고 이러한 별들이 핵융합을 통하여 계속적으로 연소하면서 중력붕괴하고 밀도가 계속 올라가고 온도도 계속 증가하게 된다. 그리하여 위에서 설명한 바와 같이 바깥 부분이 공중에 분출해나가고 중심부에 백색왜성이 탄생하게 되는 것이다.

만약에 별의 질량이 찬드라세칼 한계(Chandrasekhar limit, 태양질량의 1.44배가 될 때를 말한다)를 넘으면 초신성 폭발을 일으키고 최종적으로 백색왜성이 그 중심부에 탄생하는 것이다.

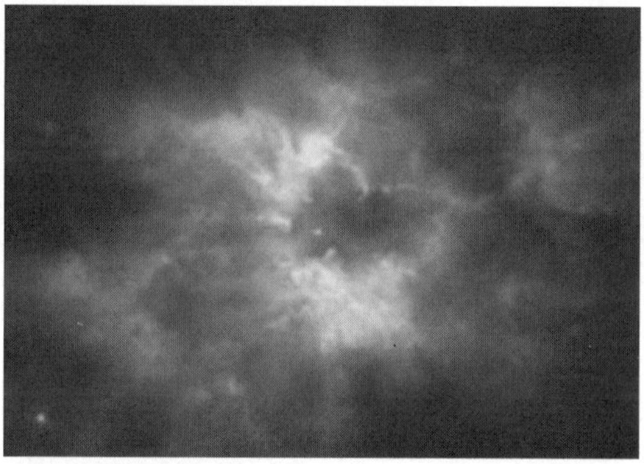

NGC 2440(1998년 4월 26일 NASA가 Astronomy Picture of the Day에 발표한 사진)

이 사진은 초신성 폭발을 일으키지 않고 행성상성운 중심에 백색왜성이 탄생된 것을 보여주고 있다(중심부의 하얀 점). 표면온도는 약 20만 도이다.

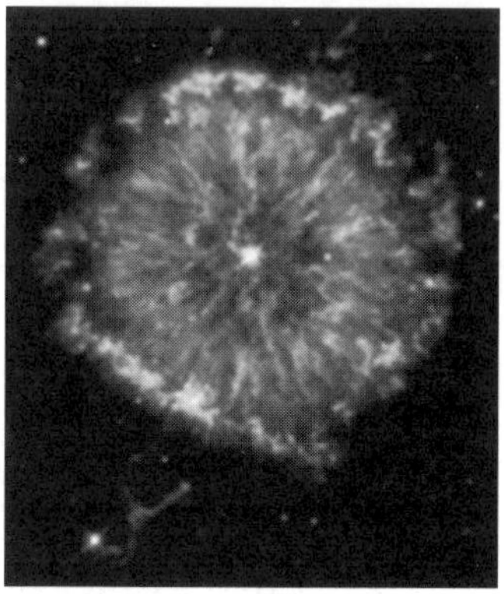

NGC 6751

이 사진은 1998년 4월 21일에 해지안(A. Hajian, B. Balick, N. Panagia 및 Y. Terzian) 들이 찍은 NGC6751 행성상성운인데 별의 바깥 부분을 방출하고 중심부에 하얗게 보이는 백색왜성만이 남는다. 이 행성상성운은 우리은하 속에 있으며, 거리가 6,500광년이고 크기는 약 0.8광년이다. 이 가스들은 수천 년 전에 분출된 것이다. 바깥쪽 물질들이 공중에 날아간 후에 아주 뜨거운 핵심만이 남게 되고, 그것으로부터 나온 강한 자외선이 분출된 가스를 비추면서 여러 색깔이 나타나는 것이다. (별첨 컬러사진 참조) 중심부를 둘러싼 청색영역은 가장 뜨겁게 퍼져가는 가스로 차 있고 오렌지색과 적색은 상대적으로 차가운 가스들이다. 백색왜성의 표면온도는 약 14만 도로 추정된다. 우리의 태양이 앞으로 50억 년 후에 이러한 모습으로 될 것이다. 여기서 참고로 성운(Nebula)이라는 이름은 사진에서 본 것처럼 별의 바깥 부분이 분출되어 있는 상태를 말한다.

게 성운(NGC 1952)

이 사진은 게 성운(Crab Nebula)으로 1054년에 발견된 초신성이다. M1(NGC1952)으로 알려져 있으며, 거리는 7200광년이고, 크기는 약 500광년이나 된다. 지금도 속도 1,300km/s로 계속 팽창하고 있다. 이 성운이 처음 발견된 것은 1054년 7월 4일 중국의 천문학자에 의해서이다. 금성보다 4배나 밝고 23일간 낮에도 보였으며, 653일 동안 야간에도 육안으로 볼 수 있었다고 송(宋)나라의 역사서 《명월기(明月記)》에 기술되어 있다. 그 후 1731년 영국의 아마추어 천문학자 존 베비스(John Bevis)가 초신성의 잔해물(殘骸物)인 게 성운을 관측하였고, 또 프랑스의 메시에가 1758년 8월 28일에 독립적으로 재발견하였다. 이 게 성운은 그 속에 펄서(pulsar, 일정 주기로 펄스형태의 전파를 방사하는 천체)가 있어서 아주 중요하다.

백색왜성은 위에서 언급한 바와 같이 X-선원(X-ray source)이므로 그것으로부터 방출되는 X-선이 관측될 것이다. 아래 사진은 X-선을 촬영할 수 있는 카메라로 찍은 것이다. 이 사진으로 보면 분명히 백색왜성들이 강한 X-선을 발사하고 있는 것이 확인된다. 백색왜성은 X-선원이다.

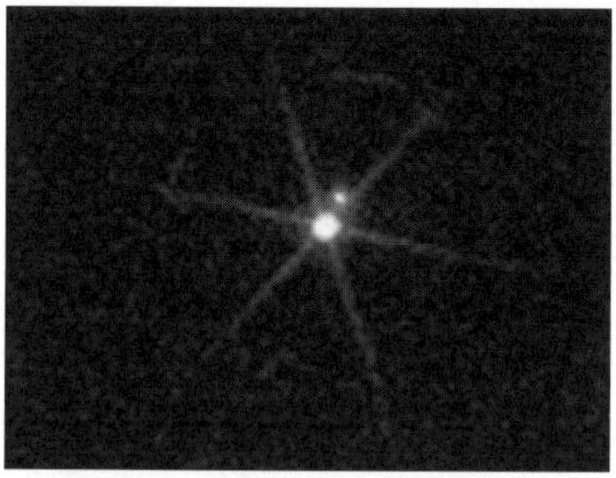

백색왜성 시리우스(Sirius)-B의 X-선 사진, 거리는 8.6광년이며 크기는 10,300km이다.

그런데 중력붕괴가 계속적으로 일어나지 않고 백색왜성이 어떻게 존재할 수 있는가?

전자축퇴(electron degenerate)에 인한 바깥 방향의 압력 때문에 중력이 나타내는 인력과 균형을 이루고 결국 중력붕괴가 그 이상 진행되지 않고 백색왜성이 존재할 수 있게 되는 것이다. 전자축퇴는 양자역학적 효과이며 전자가 한 에너지 준위에 2개밖에 들어가지 못하는데(이것을 파울리(Pauli)의 배타원리라고 한다) 만약에 이 에너지 준위가 겹치고 있으면 전자가 더 들어갈 수 있다. 이와 같이 파울리 원리에 의해 제한된 수 이상의 전자가 들어간 상태를 전자축퇴라고 한다, 그런데 이 전자축퇴의 효과에도 한계가 있다. 만약에 백색왜성의 질량이 태양질량의 1.44배 이상이 되어 찬드라세칼 한계를 넘으면 균형을 지탱할 수 없게 되고 결국 폭발이 일어난다. 이것이 초신성(Supernova) 폭발이다.

최근에 최대 초신성이 관측되었다고 NASA가 2007년 5월 1일에 발표하였다. 이것은 과거에 관측된 어떤 초신성보다 밝은 빛을 내고 있다. 이 초신성의 사진은 이 장의 후반에서 볼 수 있을 것이다.

백색왜성의 바깥 부분은 수소나 헬륨가스가 차 있고 내부 핵심은 주로 탄소와 산소로 구성되어 있다고 추정된다(위 사진 NGC6751 및 NGC1952(M1)을 참조).

5.3 신성(新星, Nova)

일반적으로 활성화된 별들은 연성(binary star)을 형성하고 있고 동반자 격인 별에서 물질을 공급(실제로는 유인 흡수함)받고 자기 자신이 진화된다. 이미 우리는 미라 A와 미라 B상의 관계를 보았으나 여기서 좀 더 상세히 살펴보자.

백색왜성이 동반된 별로부터 물질(주로 수소)을 흡인하여 핵심은 손상시키지 않고 그 표면에서만 열핵 폭발(Thermonuclear Explosion)을 유발시킨다. 표면층을 공중에 분출시킴으로써 강한 빛을 낸다. 이 형상이 물질의 공급이 끝날 때까지 되풀이한다. 이것을 신성이라고 한다.

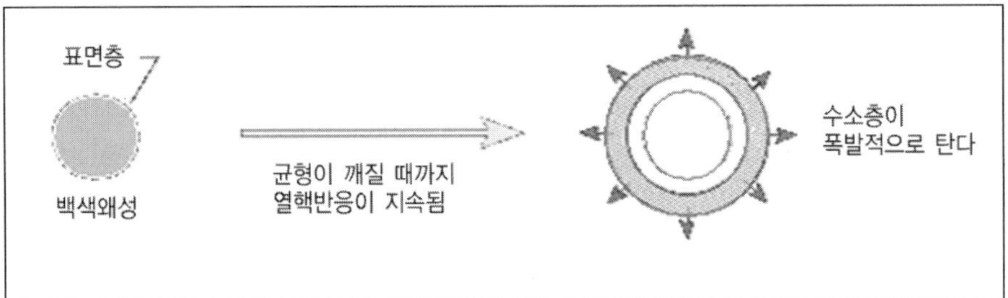

왼쪽의 원이 백색왜성이며, 표면층에서는 균형이 깨질 때까지 열핵 폭발을 계속한다. 오른쪽 화살을 가진 색칠한 원 부분이 수소를 태우면서 소폭의 폭발을 하게 된다.

신성은 갑자기 놀라울 정도로 밝아지고 서서히 꺼져가는 별이다. 어느 날 갑자기 밝아지기 때문에 새로운 별이 탄생한 것처럼 보이기도 한다. 1918년 신성 독수리자리(Nova Aquilae)가 극적으로 나타났으며 2~3일 사이에 시리우스 정도로 밝아졌다가 3~4개월 동안은 육안으로 볼 수 있었다.

1992년에 V1974 시그니(Cygni)가 백조좌(Swan)의 시그니 속에 발견되었는데 이것은 미국 콜로라도 주에 거주하던 아마추어 천문학도 콜린즈(Peter Collins)가 처음으로 관측한 것이다.

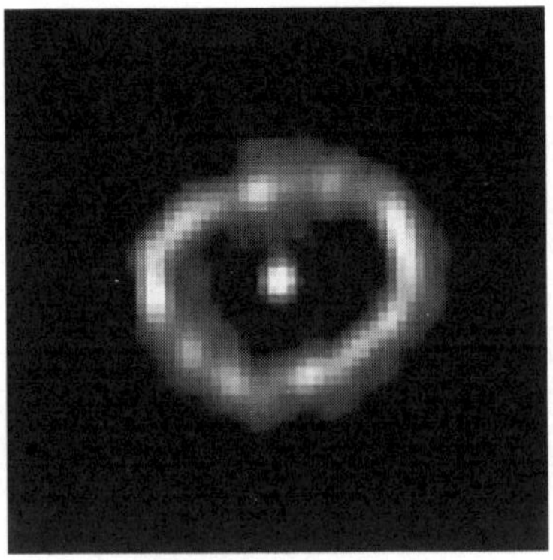

시그니 신성(Nova Cygni 1992)

별이 폭발적으로 뿜어낸 가스가 껍질 모양으로 퍼져나가는 것을 옆의 사진에서 볼 수 있다. 1992년 허블 우주망원경으로 찍은 사진이다. 이 신성은 최근에 발견된 신성 중에서 가장 밝은 것이다.

신성은 표면이 진동함으로써 사방에 물질을 뿜어내고 밝기(magnitude) 10, 혹은 그 이상의 밝기를 나타낸다. 확산하는 물질은 갈수록 희미해지며, 중심부에서 멀리 떨어진 곳에서는 너무나 희미해서 직접 관측하기가 힘들다.

그러나 별에서 발사된 빛의 스펙트럼을 분석하면 넓은 스펙트럼 라인(broad emission line)을 확인할 수 있으므로 물질의 확산 모습을 입증할 수 있는 것이다. 우주공간은 진공에 거의 가까운 상태이며, 따라서 물질의 존재는 없다고 할 수 있다. 그럼에도 불구하고 신성 주변에 그러한 스펙트럼을 확인할 수 있다는 것은 신성이 뿜어낸 물질들이 확산되고 있다는 증거이다.

Nova 1999

이 사진은 Nova 1999이며 다음 쪽에 나타낸 그래프는 그 스펙트럼을 표시한 것이다. 큰 스펙트럼이 Nova 1999에서 나온 것이고 밑에 보이는 작은 스펙트럼은 다른 별의 것이다. 신성으로부터 얼마나 많은 빛이 나오고 있는지 알 수 있다.

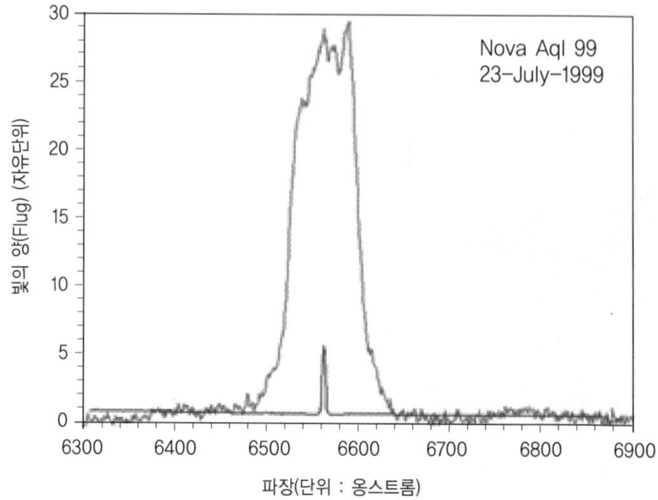

일반적으로 신성은 연성계 속의 별에서 일어난다. V1974 시그니로부터 얻은 자료를 토대로 모형을 구성해보면 연성 중 질량이 큰 쪽이 질량이 작은 별로부터 물질을 빼앗아간다는 것을 알게 된다. 이 빼앗은 물질을 연료로 하여 더 무거운 백색왜성으로 변해간다. 이때 그 백색왜성은 급속히 임계온도 이상으로 과열(overheat)되고 결국은 그동안 축적해왔던 물질 중 표면에 있는 것들을 뿜어내게 된다. 어떤 신성은 이것을 되풀이한다. 따라서 그 표면이 진동하는 것이다.

T 코로나는 1866년에 밝기 7에 올라갔다가 밝기 2로 떨어지는 과정을 1946년에 되풀이하였다. 즉, 80년 만에 되풀이한 것이다.

별은 죽을 때 화려하게 있는 힘을 다하여 폭발적으로 빛을 내고 죽는 경우도 있으나 조용히 사라지는 별도 있다. 특히 가벼운 별들이 이러한 죽음을 맞게 된다. 그 대표적 별이 바로 우리 태양이다.

별이 가볍다거나 무겁다고 할 때, 태양을 기준으로 하는 경우가 많다. 가벼운 별이라고 하면 태양보다 반밖에 되지 않는 질량을 가진 경우로부터 수 배 큰 질량을 가진 경우를 말하며, 그 표면에서 내는 안정된 빛이 별의 내부로부터 공급되는 에너지가 고갈될 때 수그러지면서 그 생애를 마치게 된다. 내부에서 발생하는 에너지는 물론 핵융합에 의해 생산되는 것이고, 가벼운 별에서의 원소합성은 무거운 별에 비해 상대적으로 천천히 이루어진다. 원소합성이 정지되면 별 내부의 핵심 부분이 하얗고 작은 별로 남게 되고, 바깥 부분은 팽창한 표면으로부터 우주공간에 천천히 흩어져간다. 이렇게 조용히 일생을 마친 가벼운 별들의 잔해(殘骸)가 우주에 많이 떠돌고 있다.

117쪽에 나타낸 NGC6751 사진은 중심부에서 일어난 핵융합에 의해 빛을 냈던 별이 그 핵융합을 끝내면서 별을 형성하고 있던 가스를 우주공간에 확산시키고 핵심에 백색왜성이 남는 모양을 나타내고 있다.

다음 그림에 나타낸 사진은 NGC2392이며, 에스키모 행성상성운(Eskimo Nebula)이라고도 한다. 1787년 영국의 천문학자 허셜(William Herschel, 1738~1822)에 의해 발견되었는데, 이 사진은 히치콕(Glenn Hitchcock)과 코와트(Bob Cowart)가 킷픽(Kitt Peak) 국립천문관측소에서 찍은 것이다. 거리는 약 3,000광년이다. 녹색으로 된 부분은 확산하는 가스가 백색왜성이 내는 자외선을 흡수하여 빛을 내는 모습이다. 현재 약 50억 세가 된 태양도 앞으로 수십억

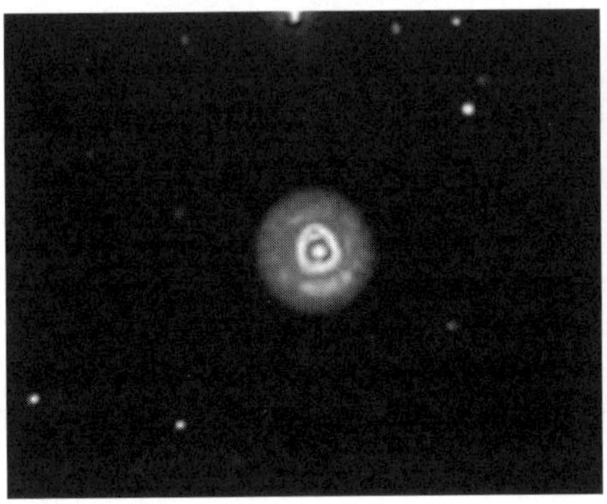

에스키모 성운(Eskimo Nebula) NGC2392 약 3,000ly.

허셜(William Herschel)

년 후에는 이러한 모습으로 변하는 것으로 알려져 있다.

5.4 흑색왜성(Black Dwarf)

홀로 서 있는 태양은 에너지공급원으로서의 동반자가 없으므로 수십억 년 후에는 적색거성이 되고 결국은 백색왜성으로 붕괴(collapse)하게 된다. 핵융합이 더 이상 가능하지 않게 되면 모든 열에너지는 차차 우주공간에 복사(輻射, radiate)하게 되고 결과적으로 온도가 내려가면서 어두워지고 우리 눈에도 잘 보이지 않는 흑색왜성(Black dwarf)으로 변하면서 그 일생을 마친다. 실은 흑색왜성은 이론상의 천체이며, 현재 우주에 존재하지 않는다. 그 이유는 형성되는 데에 필요한 시간이 약 10^{12}~10^{15}년(1조 년~1,000조 년)이며, 현재 우주의 나이가 140억 년이기 때문이다. 백색왜성으로부터 흑색왜성이 되는 경우는 전자축퇴물질(degenerate electron matter)로 형성되어 있고 중성자별로부터 형성된 흑색왜성은 배리온(Baryon)축퇴물질로 구성되어 있을 것으로 추정된다.

그러나 태양보다 더 큰 질량을 갖고 있는 별의 경우 백색왜성으로부터 흑색왜성으로 가지 않고 초신성이 되면서 화려한 일생을 마치게 되는데 그 폭발 후에 역시 백색왜성이 남고 결국은 중성자별로 진화된다. 그것이 흑색왜성 혹은 블랙홀이 된다. 우리 태양계에서 가장 위대하고 화려한 태양이 질량 부족으로 초신성이 되지 못하는 것은 태어날 때부터의 운명이라고는 하나 너무나 딱하다.

인간사회에서도 왕자로 태어나면 궁중에서 수많은 신하들의 시중을 받고 화려한 생활을 보내고 인생을 마칠 때도 화려한 모습과 영광 속에서 사라지게 되는데, 별 세계에도 인간사회와 유사한 운명 같은 것이 있다는 점은 흥미 있는 일이 아닐 수 없다. 만약에 태양이 태어날 때 주어진 요건에 의해 지금의 태양보다 약 1.5배 가량의 질량을 가졌다면 초신성이란 화려한 생애을 마칠 수 있는데 불행하게도 그렇게 마치지 못하고 조용히 사라져야 하는 운명을 지니고 있는 것이다.

초신성 폭발을 할 수 있는 조건은 그 질량이 찬드라세칼 한계를 넘어야 한다. 즉, M 〉 1.44×(태양의 질량)

5.5 초신성(超新星, Supernova)

태양보다 질량이 1.44배 이상 더 큰 별들의 운명은 더 드라마틱하다. '초신성 폭발'이라고 하는 거대한 폭발을 일으키면서 그 생애를 마감하고, 중성자별(neutron star) 혹은 블랙홀이 되기도 한다. 이 폭발로 은하 전체가 수 개월 동안 환하게 빛난다. 그 밝기는 태양의 수억 배 내지 100억 배나 되는 것도 있고, 날아간 가스는 초신성의 잔해로 X선이나 전파를 발사한다.

게 행성상성운 M1(Crab Nebula M1, NGC1952)은 이미 118쪽에서 설명한 바와 같이 1054년 7월 4일 아침에 처음으로 중국인에 의해 발견되었다. 그들은 이 성운을 '객성(客星, Guest star)'이라고 불렀다. 그 당시 유럽에서는 이 초신성에 대한 어떤 기록도 없다. 아마 그 시대에 그들은 별은 변하지 않다는 고정관념에 사로잡혀 있었기 때문에 인식하지 못했는지도 모른다.

이 M1성운은 지구로부터 약 7,200광년 거리에 있고 황소자리(Taurus) 속에 있으며 시직경(視直徑) 약 500광년, 시각적 밝기는 m=(−4)~(−5), 절대밝기는 M=(−17)~(−18)로 알려져 있다. 1054년에 이 초신성을 처음으로 보았기 때문에 그때 초신성이 폭발하였다고는 하지만, 먼 거리에서 폭발하여 그때 발사된 빛이 1054년에 지구에 도달한 것이므로, 결국은 1054년에 이 초신성을 봤다면 폭발은 그것보다 7,200년 전에 일어났던 것이다. 따라서 2009년을 기준으로 8,155년 전에 있었던 사건이다. 이 성운을 1054년에 처음으로 발견한 지 이미 955년이나 지났기 때문에 폭발 당시의 모습을 지금은 볼 수 없으나 그 잔해가 우주공간에 계속 확산되어가고 있으므로, 이 확산되는 모습은 지금도 볼 수 있다. 팽창하는 속도는 지금도 1,300km/s(이것은 시속 468만 km)이다. 다음 사진은 M1 성운의 초신성 폭발에 의한 잔해 물질의 확산 모습이다.

게 성운(Crab Nebula, M1, NGC 1952)

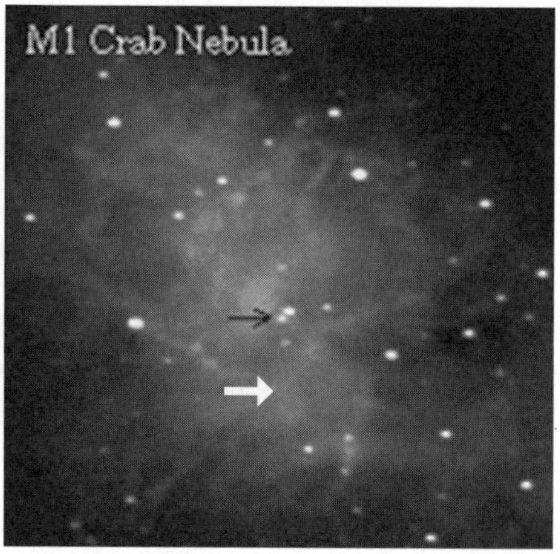

화살표로 표시한 것이 펄서(pulsar)인데 이 부분에서 폭발이 일어난 것이다. 펄서에 대해서는 나중에 설명될 것이다.

초신성은 흔한 현상이 아니고, 한 은하에서 100년에 두세 번 정도밖에 일어나지 않는다. 우리은하에서 그간 겨우 두 번 일어났을 뿐이다. 그 첫 번째가 티코 초신성(Tycho star, SN1572)이며 두 번째가 케플러 초신성(Kepler star, SN1604)이다.

① 티코 초신성 : 1572년 카시오페이아(Cassiopeia)에 금성과 같은 밝기로 나타났으며 약 1년간 계속 되었다. 절대등급이 −19, 시각적 등급 −4이며 덴마크

의 천문학자 티코 브라헤에 의해 발견되었고, 중국에서도 《명실록(明實錄)》에 기록되어 있다.

이 사진은 최근에 찍은 티코 초신성이다. 폭발한 지 이미 427년이나 지났으므로 상당히 퍼져 있다. 중앙 윗부분에 구름처럼 희미하게 나타나 있다.

② 케플러 별(SN1604) : 1604년 뱀주인자리(Ophiuchus) 속에 발견된 것이며, 우리은하에서 가장 최근에 발견된 것이다. 이 초신성은 몇 명에 의해 1604년 10월 9일에 발견되었다. 체코 프라하(Prague)의 브루노우스키(John Brunowski, 그가 케플러에게 알렸다), 이탈리아 베로나(Verona)의 알토벨리(Joe Altobelli), 로마(Roma)의 클라비우스(Christopher Clavius), 그리고 역시 이탈리아 파두아(Padua)의 카프라(Capra)와 마리우스(Marius) 들이다. 케플러가 처음으로 본 것은 10월 17일이며, 그 후에 체계적으로 연구하게 된 것이다. 이 초신성은 며칠 동안 밝은 빛을 내었다가 11월에는 안 보이게 되었다. 1605년 1월에 다시 나타났다가 3월까지 보였다.

우리나라에서도 상세히 관측하여 《이조실록(李朝實錄)》에 구체적으로 기록하였다. 이 데이터는 유럽이나 중국의 기록보다 훨씬 정확한 것으로 알려져 있다.

다른 은하에서는 지금까지 약 50개의 초신성이 관측되었다. 그 예로서 NS 1987A를 들 수 있다.

우리은하의 불규칙 동반은하(irregular companion galaxy)인 대마젤란 성운

(Large Magellan Cloud) 속에서 1987년 1월 23일 초신성이 관측되었다. 이것이 SN1987A이다. 이 초신성은 샌덜릭(Sanduleak)으로 알려져 있던 청색 초거성(blue supergiant)이 갑자기 폭발한 것으로 시각등급 m=2.9, 절대등급 M=-15.6을 나타내었다.

거미 성운(SN1987A)

옆의 사진은 맬린(David Malin)이 찍은 거미 성운(Tarantula Nebula)이다. 그는 1987년부터 2002년까지 사진을 찍었다. 이 사진의 오른쪽 아래에 밝은 빛이 보이는데 이것이 초신성 SN1987A이다. 아래 사진은 폭발이 일어나기 전과 일어난 후의 사진이다.

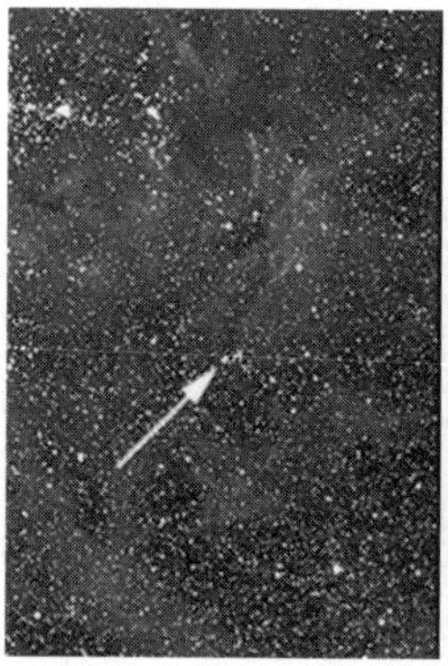
샌덜릭

SN1998A

사진 왼쪽에 화살표로 표시한 것이 샌덜릭이고, 어느 날 이 별이 폭발하여 1987년 1월 23일 우리 눈에 갑자기 보였던 것이다. 즉, 1987년 1월 22일에는 작은 평범한 별로 존재하고 있었는데, 1987년 1월 23일 막대한 빛을 내고 있는 초신성으로 등장한(오른쪽 사진) 것이다. 약 17만 광년이 떨어져 있으므로, 1987년을 기준으로 17만 년 전에 대폭발이 일어났던 것이다. 즉, 전기 네안데르탈(Pre

Neanderthal)시대에 해당한다. 폭발되기 전의 청색 초거성은 태양보다 대략 10배 정도 크고, 질량은 태양질량의 약 20배였으며, 밝기는 태양의 10만 배였다.

이 초신성을 좀 더 자세히 보면 묘하게 생겼다. 두 개의 고리 모양으로 되어 있는데 그것이 무엇인지 아직 정확하게 규명되어 있지 않다.

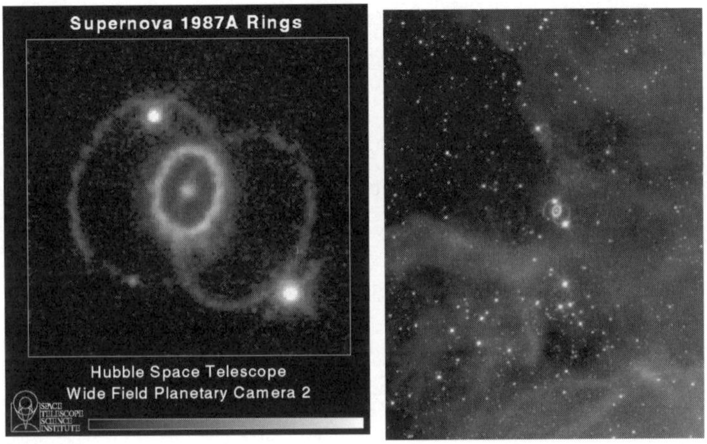

NS1987A

위에 나타낸 사진은 NS1987A로 주변의 물질이 환(環)을 짓고 있는 모습인데 그 직경은 약 1.3광년이며, 이 환의 중심에 SN1987A가 있는 것이다. 이 환은 폭발하기 1만 년 전 청색거성이었을 때 선조성(先祖星, progenitor star)이 뿜어낸 물질로 형성되었다고 추측된다.

일반적으로 가벼운 원자핵들이 핵융합을 통하여 차차 더 무거운 핵을 합성해 나가는데, 철(Fe)까지는 이렇게 하여 형성된다. 그러나 그것보다 더 무거운 핵들은 어떻게 형성될 것인가. 자연에는 현재 철보다 무거운 핵들이 많이 있다. 초신성 안에서 철보다 더 무거운 핵이 형성되고 있는 것을 확인할 수 있다. 그 확인하는 방법을 간략하게 여기서 설명해보자. 우선 초신성 내에서 중성자가 원소에 부착하여 그것이 양성자로 변하면서 더 무거운 원소로 바뀐다.

특수 스펙트럼 선(spectrum line)의 강도가 얼마나 감소하는가를 측정한다. 이 스펙트럼 선은 알고 있는 원소로부터 나온 빛이므로, 서로 모니터링함으로써 이 원소의 변화(양의 변화)를 알 수 있다.

그 예로써 코바르트-56(^{56}Co)를 들어보자. 이 원소로부터 나온 빛의 강도는 77일 만에 50%로 줄어든다. 즉, 반감기가 77일이라는 것이다. 만약에 SN1987A부터 나온 빛 중에 77일만에 반으로 줄어든 빛이 있다면 결국 그 빛이 코바르트-56으로 나온 것이므로 SN1987A 속에 코바르트-56이 있다는 것을 말해주고 있다. SN1987A 속에 있는 다른 원소에 대해서도 같은 식으로 확인한다. 이렇게 하여 초신성 속에 많은 무거운 원소가 존재하는 것을 확인할 수 있는 것이다.

초신성은 무거운 원소 합성기(器) 같은 역할을 하고 있는 것이다.

게 성운은 아주 중요하다. 1967년 천문학자들은 그 중심부에 중성자별이 있는 것을 발견하였기 때문이다. 이 중성자별에 대해서는 다음 장에서 설명할 것이다. 중성자별은 블랙홀과도 관련이 있다.

최근에는 초신성이 막 폭발하여 나타난 것을 관측하는 데 성공하였다. 아래 사진이 그것을 나타내고 있다.

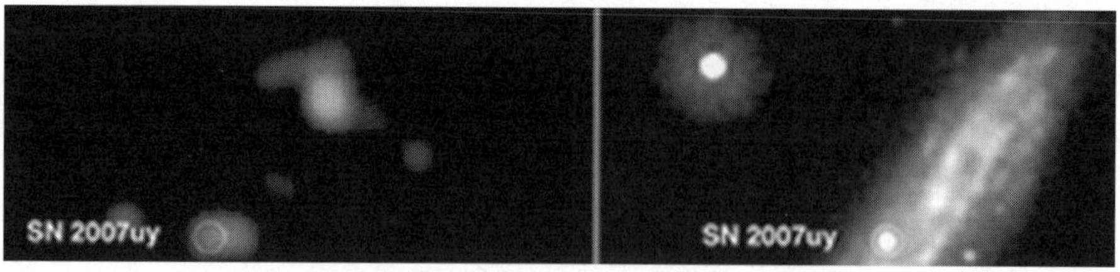

초신성 SN2008D가 폭발하기 직전 은하 NGC2770 속의 2007uy인데 왼쪽

은 X-선 사진이며, 오른쪽은 가시광선 사진이다. 아직 SN2008D는 보이지 않는다.

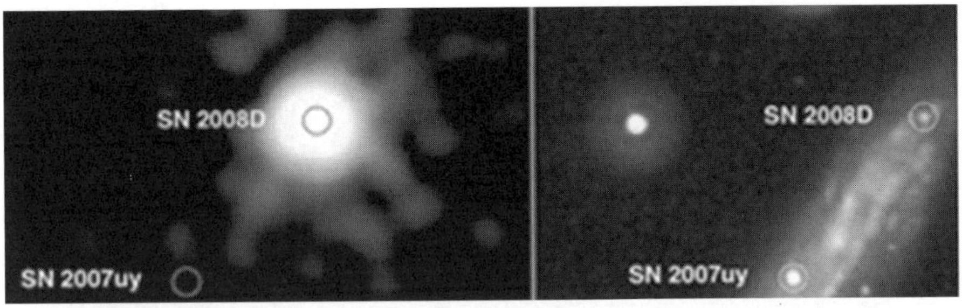

(Credit: NASA/Swift Science Team/Stefan Immler)

바로 위에 나타낸 2개의 사진 중 왼쪽 사진은 2008년 1월 9일 Swift 인공위성이 NGC2007uy 속에서 폭발한 초신성으로부터 나온 밝은 X-선을 관측한 것이고, 2~3일 후 SN2008D가 가시광선으로 보인 것이 오른쪽 사진에 나타나 있다.

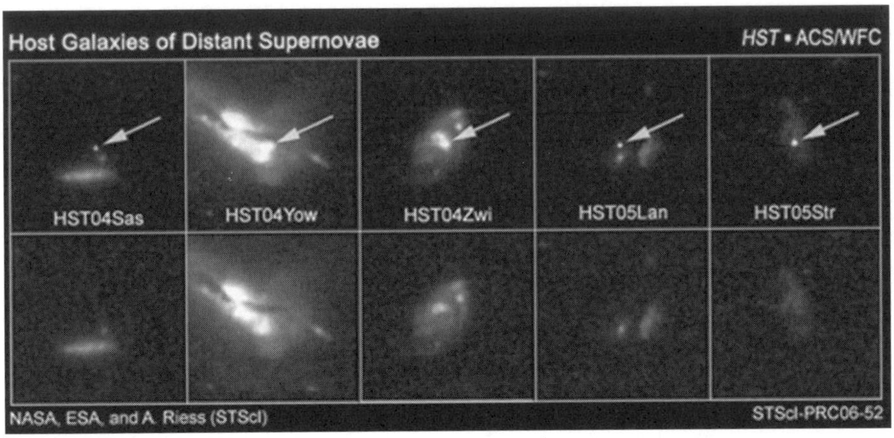

위의 사진들은 초신성이 나타났을 때 은하가 얼마나 밝아지는가를 나타내고

있다. 하단의 사진은 초신성이 폭발하기 전이고 상단에 있는 것들이 폭발된 후의 사진이다.

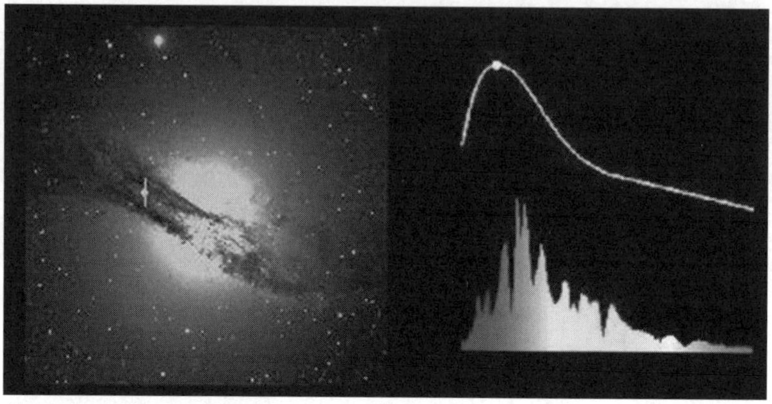

센타우루수자리(Centaurus) 은하

바로 위에 나타낸 사진에서 왼쪽 사진은 센타우루스자리(Centaurus) 은하 속에서 일어난 초신성 폭발로 그 밝기가 은하 전체를 밝힐 정도로 밝다. 오른쪽 위의 사진에 있는 곡선은 초신성의 밝기를 시간함수로 나타낸 것이다. 오른쪽 사진의 곡선에서 제일 높은 부분은 폭발 순간 가장 밝은 빛을 비추었을 때에 해당하며, 시간이 지나면 그 밝기가 멀어진다(오른쪽 아래 그림에 나타낸 그 빛의 색은 별첨 컬러사진 참조).

2007년 5월 1일에 최대 초신성이 관측되었다고 NASA가 발표하였다. 이것은 과거에 관측된 어떤 초신성보다 밝은 빛을 내고 있다. 다음에 나타낸 사진이 바로 그 초신성 사진이다. NASA의 찬드라 X-ray관측소가 찍은 것인데 왼쪽 사진은 적외선 사진(infrared image)이며, 왼쪽 밑에 희미한 부분은 이 초신성이 속한 은하 NGC1260의 중심부이다. 오른쪽 사진은 X-ray 이미지, 즉 X선만 통과하는 필터로 찍은 것이다.

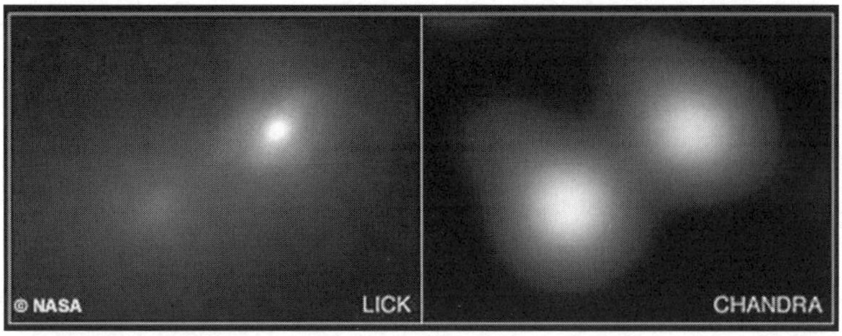

SN2006gy

원래 은하 중심부에 수많은 별들이 모여 있으므로 그곳이 가장 밝은 빛을 내고 있는데, 거리가 워낙 멀어서 사진에 희미하게 나타나고 있는 것이다. 그러나 오른쪽 X선 사진에서 보듯 분명히 은하 중심부에 많은 별들이 있고 그들이 내는 X선이 많다는 것을 볼 수 있다. 이 은하의 윗부분은 초신성이 폭발로 인해 X선뿐만 아니라 강한 적외선도 내고 있는 것을 나타내고 있다. 이 은하는 지구로부터 약 2억 4,000만 광년이나 떨어져 있다. 그런데 왼쪽 사진에 나타낸 것처럼 초신성이 은하 중심부보다 훨씬 밝은 빛을 내고 있다. 이 밝기는 태양 500억 개에 해당한다. 이 관측은 네이단 스미스(Nathan Smith)들이 실행하였고 2007년 2월에 공개되었다.

초신성의 메커니즘

별의 핵심붕괴(core collapse)

별의 내부에서 온도와 밀도가 급속도로 증가함에 따라 핵심은 내부폭발을 일으킨다. 철 같은 원자핵이 헬륨이나 중성자 혹은 양성자, 전자들로 붕괴된다. 약 10^{46}줄(J, 일과 에너지의 sI단위인 joule)에 해당하는 중력에너지가 핵심으로부터 터져나오고 중성미자의 버스트를 형성하며 별의 붕괴를 가속시킨다. 결과적으로 초신성 폭발이 일어나게 된다.

폭발의 메커니즘을 그림으로 설명해보자.

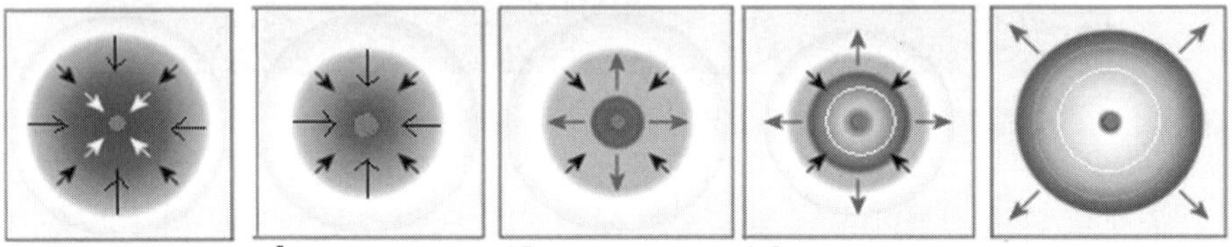

원자핵이 핵융합을 일으키면서 철로 구성된 별의 핵심을 형성하는 양파(onion)형 구조를 하고 있던 것이다.

a. 찬드라세칼 한계에 도달하여 붕괴가 일어나고 핵심 내부는 압축되어 중성자들로 변한다.
b. 떨어지는 물질들이 결집한다.
c. 외부 쪽으로 터져나오는 충격파를 형성한다(바깥쪽으로 향한 화살표).
d. 외각 부분이 더 바깥쪽으로 나가고 중성미자와의 상호작용에 의해 다시 활기를 띠게 된다.
e. 폭발이 일어나고 축퇴(degenerate)된 잔해물만 남는다.

만약에 별의 질량이 태양질량의 20배가 되면 별의 핵심은 중성자별로 변한다. 그 이상이 되면 블랙홀을 형성한다. 이론적으로 계산한 결과는 태양질량의 40~50배가 될 때 블랙홀을 형성하는데 50배가 된다면 중성자별을 거치지 않고 바로 블랙홀로 분괴된다.

제6장

독특한 별들

펄서, 중성자별, 퀘이사, 블랙홀은 독특한 별들이며, 우주 속에서 일어나는 약동적 현상에 핵심적 역할을 하고 있다. 펄서는 우리에게 규칙적 전파신호를 보내오고 마치 인간과 비슷한 문화를 가진 우주인이 우리와의 교신을 시도하고 있다는 착각을 갖게 한다. 또한 블랙홀은 별의 마지막 모습이고 온 세상에 있는 물질이나 빛을 다 빨아먹는 도깨비 같은 천체이다.

the universe

독특한 별들

6.1 펄서(Pulsar)

1967년 영국의 케임브리지대학에서 전파천문학을 전공한 대학원생 죠셀린 벨(Jocelyn Bell)이 어느 날 굉장히 희미한 규칙적인 전파신호가 검출기에 걸린 것을 우연히 발견하였다. 처음에는 검출기에 발생한 원인을 알 수 없는 노이즈(noise)인 줄 알고 세심하게 검출기와 전기장비들을 살펴봤는데 장비에는 아무런 문제가 없는 것을 확인하고 이 라디오 펄스가 우주 어딘가에서 오고 있다고 확신하여 그 펄스의 존재를 지도교수 휴이시(A. Hewish)에 보고하였다.

펄스를 발사하는 천체를 처음으로 발견한 것은 분명히 벨이었다. 그럼에도 불구하고 그녀의 지도교수인 휴이시가 1974년에 펄서를 발견한 업적으로 노벨물리학상을 수상하였다. 지도교수가 시킨 대로 한 그 업적은 벨의 것일까? 그녀를 지도한 휴이시의 것일까? 그 후에 말이 많았다.

수잔 조슬린 벨(Susan Jocelyn Bell)

1943년 7월 15일 북아일랜드의 벨파스트(Belfast)에서 태어났다. 아버지는 건축가였다. 글라스고우대학 물리학과를 졸업한 후 케임브리지대학 대학원에 진학하고 휴이시 교수 밑에서 박사과정을 이수하였다. 처음 2년간 전파망원경 제작에 몰두하였고, 그것이 1967에 가동하게 됨에 따라 퀘이사(quasar) 탐색에 사용하였는데, 결국은 펄서를 발견하게 된 것이다. 그녀는 1968년 박사학위를 취득하였다.

안토니 휴이시(Anthony Hewish)

그는 1924년 5월11일에 영국 콘월(Cornwall) 포위(Fowey)에서 태어났다. 은행원인 아버지 아래에서 자랐으며, 1942년 케임브리지대학에 입학하였다. 1943~1946년 공군에 근무한 후 다시 대학으로 돌아와 1948년에 졸업하였다. 1971년부터 1989년 정년이 될 때까지 전파천문학을 연구하였다. 1982~1988년 그는 물라드 전파천문학관측소(Mullard Radio Astronomy Observatory)에서 물리분야의 책임자 자리를 지냈다. 그간 수많은 상을 받은 적이 있다. 1974년 펄서 발견에 의해 노벨상을 받았다.

그들은 초당 약 30번 정도 에너지 분출이 되풀이하는 것을 확인하였다. 이러한 현상을 보이는 별을 펄서(Pulsar)라고 불렀다. 펄서는 Pulsating stars, 즉 펄스를 내고 있는 별이라는 합성어이다. 펄서가 발견되었을 때 많은 사람들은 이 방대한 우주 속에 지구와 비슷한 천체가 있고, 그곳에 우리 정도 혹은 그 이상으로 발전된 두뇌와 문화를 가진 생물체가 다른 천체에 사는 우주인과 교신하기 의해 전파를 보내고 있다고 추측하였다. 왜냐하면 이러한 규칙적인 전기신호는 인위적으로만 만들어낼 수 있다고 생각했기 때문이다.

만약에 그렇다면 우주 속 어딘가에 살고 있을 인간과 비슷한 우주인과의 교신을 시도해야 할 것이기 때문에 중대한 사건이 아닐 수 없다. 그러나 사실은 그것은 단순한 상상에 지나지 않다는 것이 밝혀지게 되었다.

펄서의 실체는 빠른 속도로 자전하고 있는 중성자별이다. 지금까지 수백 개의 펄서가 발견되었는데 그 회전주기는 수초에서 1,000분의 1초까지 다양하다.

펄서는 1967년 휴이시와 벨에 의해 발견되었으나 가장 유명한 펄서가 그 직후 1968년 황소자리(Taurus)의 게 행성상성운(Crab Nebula, M1) 속에서 데이빗 스탤린(David Staelin(MIT))과 에드워드 라이펜슈타인(Edward Reifenstein, NRAO)에 의해 발견되었다. 이것을 게펄서(Crab pulsar)라고 하는데, 카탈로그는 M1이며 지구로부터 7,000광년 떨어져 있고 게펄서는 1초 동안 약 30번 회전(자전)하고 있다는 사실이 밝혀졌다. 각 회전마다 2중 펄스를 발사하고 있다.

다음의 사진은 펄서가 주기적으로 그 밝기를 변화시키고 있는 것을 나타낸 것이다. 이 X-선 사진은 5시간 동안 찍은 것인데 왼쪽 위로부터 시계방향으로 시간에 따라 펄서가 밝아졌다 어두워졌다 다시 밝아지고 또 다시 어두워지는 1사이클을 나타내고 있다.

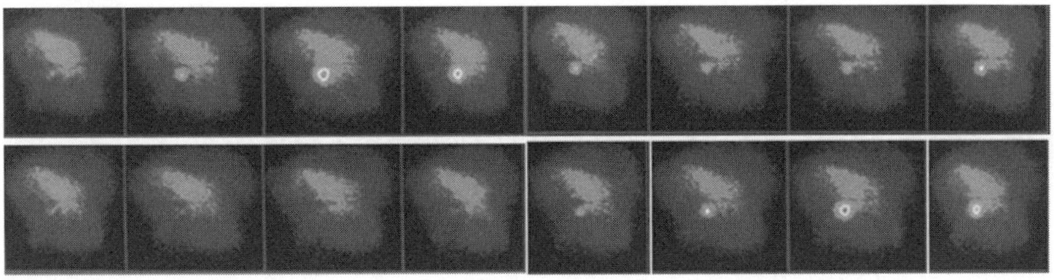

M1(NGC 1952)

아래 사진에 나타낸 M1(혹은 NGC1952)은 1054년에 발견되었는데, 큰 질량의 별이 초신성 폭발하면서 그 생애를 마감하는 모습이다.

사진에서 하얀 녹색 부분(별첨 컬러사진 참조)이 별의 자기장에 잡혀 있던 큰 에너지를 가진 전자가 복사(輻射)를 발사하고 있는 전자 구름이다. 붉은 부분은 이 행성상성운이 퍼져나가는 모습을 보여주고 있는 유명한 필라멘트(filament) 구조를 나타내고 있다.

M1(NGC 1952)

펄서는 여러 파장의 복사를 방출하고 있다. 그것을 아래 사진에서 볼 수 있다.

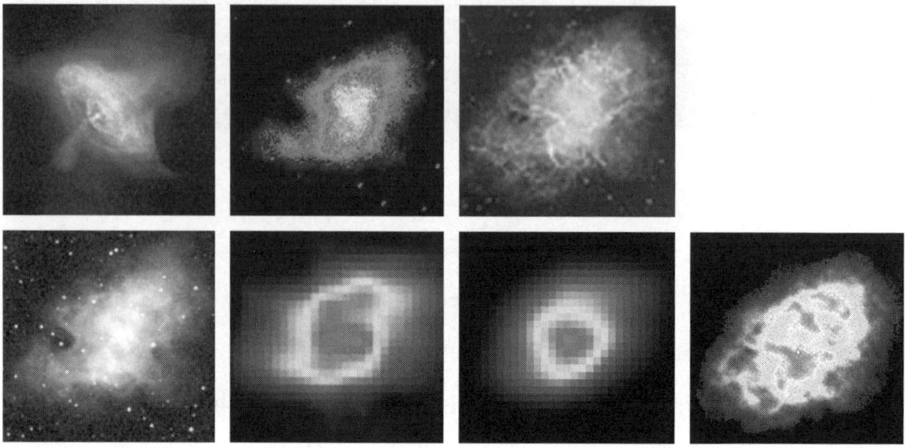

M1(NGC 1952)

위의 사진들은 여러 파장의 빛을 찍은 것이다. 위 왼쪽으로부터 X-선 사진, 자외선, 가시광선, 아래 왼쪽으로부터 가까운 적외선(near infrared), 중간 적외선(mid-infrared), 먼 적외선(far-infrared), 라디오-파 사진들이다.

가시광선에서도 이 별이 등급 16을 나타내고 스트로보(stroboscope) 장치를 이용하여 그것이 펄스임을 확인할 수 있다(스트로보 기술은 급속도로 진동하는 운동체의 진동을 관측할 수 있는 기술이다). 직경 10km밖에 되지 않는 게펄서가 직경 10광년인 게 성운으로부터 방출되는 모든 에너지를 내장하고 있는 것이다.

펄서가 실제로 중성자별이므로 다음 절에서 중성자별에 대하여 이야기해보도록 한다.

6.2 중성자별(Neutron star)

질량이 태양질량의 8배 이상인 항성이 그 생애를 마칠 때 초신성 폭발을 일으키고 그 중심부에 초고밀도의 반지름 약 10km가 되는 중성자의 덩어리를 남긴다. 이것이 중성자별인데 그 밀도는 1cm^3 당 10억 톤, 즉 백색왜성의 10억 배가 된다. 백색왜성의 질량이 태양질량의 1.4배에 달하면 전자의 축퇴압(縮退壓)만으로 자기의 중력을 지탱할 수 없어서 전자는 양성자에 흡수되어 중성자로 바뀌고 겨우 중성자의 축퇴압을 증가하여 중성자별의 형태를 유지하게 된다. 중성자별의 질량은 태양질량의 1.4배보다 크고 3배보다 작다. 그 이상이 되면 블랙홀이 된다. 고속도로 자전하며 강력한 자기장을 갖고 있고 대부분 라디오파에 해당하는 밀리세컨드(ms) 주기의 전파를 방출하는 펄서가 된다.

중성자별(neutron star)의 표면에는 중력이 크게 작용하고 있으므로 그 주변을 지나가는 빛의 궤도는 휘어진다(아인슈타인의 일반상대성 이론에서 나온 결과이다). 사실은 중력이 너무 강하기 때문에 빛의 궤도는 중성자별 속으로 들어갈 정도로 휘어진다. 때때로 빛은 중성자별에 잡힌다. 중성자별은 별의 진화의 마지막 단계를 나타낸 것이다. 전형적인 중성자별의 질량은 태양질량의 1.44배에서 3~5배 사이, 크기는 반지름 10~20km이며 태양보다 약 3만 혹은 7만 분의 1 정도이다. 따라서 중성자별의 밀도는 0.8억~20억 톤/cm^{3}가 되며 이것은 원자핵의 밀도와 거의 같다.

그간 관측된 중성자별의 질량은 태양질량보다 크지만 두 배를 넘지 않는다. 측정한 결과 대략 태양질량의 1.4~1.5배 근처에 모여 있다. 그러나 전형적인 중성자별의 경우는 태양질량의 1.44배에서 3~5배 사이에 있다.

태양질량의 3~5배가 되면 중력붕괴가 일어나며 필연적으로 블랙홀로 변한다.

이 작은 몸매와 높은 밀도 때문에 중성자별은 대단히 빠른 속도로 회전한다. 표면의 중력은 지구보다 2000억 배 내지 3조 배 강하다. 중성자별로부터의 탈출속도(중성자별의 중력영역을 벗어나기 위해 가져야 하는 속도)는 15만 km/s, 즉 빛의 속도의 반이다. 지구로부터 탈출하려면 11.2km/s이란 속도를 가지면 된다.

중성자별의 내부 구조에 대한 수학적 모형을 그림에 나타내었다. 그 표면은 원자핵과 전자로 구성되어 있고, 별의 대기권은 대략 1m 정도의 층으로 되어 있고 그 아래에는 딱딱한 표면층이 있으며, 더 내부에 들어가면 중성자 수가 계속 증가하는 핵심에 부딪친다. 이러한 핵심은 지구상에서는 붕괴하지만 여기서는 막강한 압력에 의해 안정되어 있다. 더 내부에 들어가면 중성자 방울(Neutron drip)이라고 불리는 점에 부딪친다. 여기서는 자유 중성자가 새어나온다. 따라서 이 영역에서는 자유 중성자가 존재하며 그들이 점점 작아지고 점으로 된 핵심에 집결된다. 이 핵심에서의 초고밀도 물질의 성질은 아직 잘 알려지지 않고 있다. 아마 중성자의 초유도(Superfluid) 혼합일 수도 있고 쿼크로 구성된 기묘한 물질(strange matter)일 수도 있다.

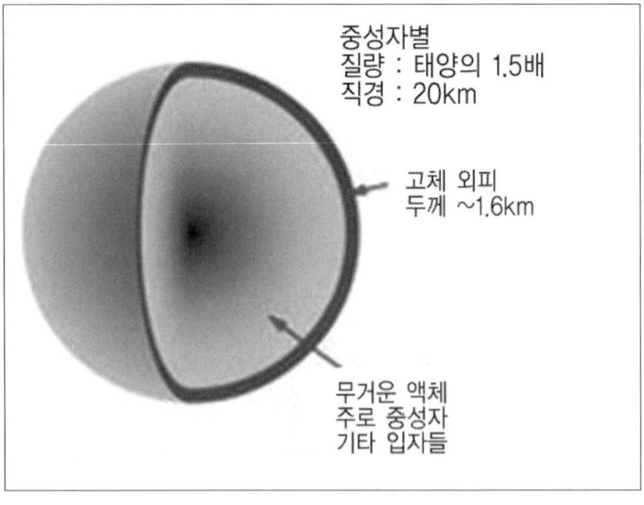

중성자별에 대한 역사를 살펴보자.

영국의 물리학자 채드윅(Sir James Chadwick)이 1932년 중성자를 실험적으로 발견하였다. 1933년 바데(Walter Baade)와 츠비키(Fritz Zwicky)가 중성자별의 존재가능성을 언급하였는데, 그것은 초신성의 유래를 설명하기 위해서였다. 초신성 속에 중성자별이 형성된다고 생각한 것이다. 즉, 중성자별을 묶어놓는 데 필요한 중력에너지가 해방되어 막강한 초신성의 빛으로 나타난다고 생각하였다. 만약에 무거운 별이 붕괴하기 전에 그 질량이 태양 질량의 3배였다고 하면 태양 질량의 2배 질량으로 중성자별이 형성되고 나머지 태양 질량에 해당하는 에너지가 이것을 묶어놓는 데 쓰인다고 보는 것이다. 이 에너지가 초신성이 나타내는 막강한 빛으로 변한다는 것이다.

1967년 벨과 그의 지도교수 휴이시가 펄서로부터 오는 미미한 라디오파(radio pulse)를 발견한 것은 이미 언급하였으나 이 라디오파의 에너지원이 중성자별의 회전에너지였던 것이다.

1971년 지아코니(Riccardo Giacconi)는 4.8초마다 X선 펄스를 발사하는 Cen X-3를 발견하였다. 물론 이것도 중성자별이다. 그들은 이 펄스가 어떤 별 주변을 회전하는 뜨거운 중성자별에 유래한다고 해석하였다. 그 에너지는 중력에 의한 것이고, 중성자별의 표면에 떨어지는 가스로부터 온다고 한다.

새로 탄생한 중성자별은 초당 2~3번 정도 회전한다. 동반자별 주변을 회전하면서 물질을 흡인하고 회전속도를 증가하여 초당 수천 번 회전하게 된다. 회전에 의한 자기장 복사를 방출하기 때문에 시간이 많이 흐르면서 에너지를 잃고 회전속도는 조금씩 감소하게 된다. 하지만 그 감소율은 아주 미미하다.

또한 중성자별은 마지막에 블랙홀로 변한다. 그리고 대단히 강한 자기장을 갖고 있다. 그 세기는 지구 자기장의 1조 배이며 중성자별로부터 나온 빛이나 복사를 원뿌리 모양으로 발사시킨다. 따라서 펄서의 핵심 메커니즘은 강한 자기장과 중성자별의 자전운동에 있다.

6.3 퀘이사(Quasar)

퀘이사는 라디오파를 발사하고 있는 작은 은하형 준천체(Quasi Stellar Object, 準天體)의 약명이다.

아래 사진은 최초로 발견된 퀘이사 3C273인데 퀘이사로부터 나온 직선들은 광학적으로 뾰족한 빛을 나타내고 있다. 오른쪽 하단에 제트(jet)가 보이는데 그것은 아마 감마선 제트일 것이다. 이 퀘이사 3C273은 우리은하보다 1,000배나 더 밝은 빛을 내고 있다.

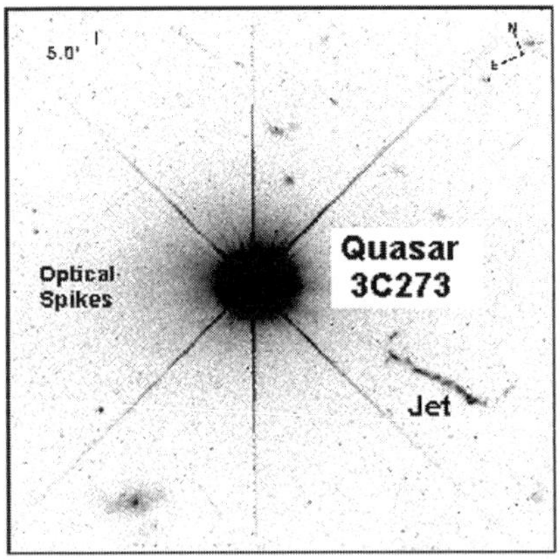

퀘이사는 처음에 새롭고 묘한 현상으로 생각되었고 그것이 방출하는 막대한 에너지를 설명하기 위해 새로운 물리법칙을 도입해야 할 것이라는 추측을 많이 하였다.

그러나 그 후 계속적인 연구에 의해 퀘이사가 활발한 은하와 밀접한 관계가 있다는 것이 밝혀졌다. 지금은 퀘이사와 활발한 은하의 관계 속에서 보이는 현상으로 이해되고 있고 방출되는 에너지는 일반상대성이론에 의해 설명된다. 그러한 의미에서 퀘이사는 묘한 것이지만 완전히 새로운 현상은 아니다.

나중에 설명하겠지만 움직이고 있는 별로부터 나온 빛은 그 별의 속도에 따라 파장이 변한다. 만약에 별이 우리 쪽으로 다가오고 있다면 파장이 짧아지며 따라서 스펙트럼이 청색 쪽으로 기울어지게 된다. 이것을 청색변위(blue shift)라고 하며 반대로 별이 우리로부터 멀어져갈 때는 파장이 길어지고 따라서 스펙트럼이 빨간색 쪽으로 기울어진다. 이것을 적색변위(red shift)라고 한다. 변위의 크기는 속도에 따라 다르다. 따라서 변위의 크기를 측정하면 별의 속도를 알 수 있게 된다.

퀘이사는 큰 적색변위를 나타내므로 우리 지구로부터 빠른 속도로 멀어지고 있다는 것을 알 수 있다. 별의 속도 v와 그 별의 거리 d 사이에 비례관계가 있는데, 그것을 허블의 법칙이라고 하며 v=Hd 같이 쓸 수 있다. H는 상수이다. 이 관계식을 토대로 별까지의 거리 d를 알아낼 수 있게 된다.

1954년에 발견된 Cygnus A가 첫 번째 경우였다. 1962년 호주의 천문학자 해저드(Cyril Hazard)가 3C273이란 퀘이사를 발견하였는데, 그것은 빛의 속도의 반으로 지구로부터 멀어지고 있고 그 거리는 75억 광년으로 확인되었다.

퀘이사의 크기는 대략 2~3광년이다. 이렇게 작음에도 불구하고 은하 규모의 아주 밝은 빛을 어떻게 낼 수 있는가?

지금까지 밝혀낸 별빛의 발사 메커니즘은 핵융합이다. 우리은하는 태양 같은 별들이 내는 빛으로 빛나고 있는데 그것이 핵융합에 의한 빛이다. 퀘이사 3C273은 우리은하보다 1,000배나 밝은 빛을 내고 있으므로 핵융합에 의해 빛을 내고 있다고 도저히 믿을 수 없다. 따라서 빛을 내는 또 다른 메커니즘이 있을 것이다.

퀘이사의 외각 부분에서는 소용돌이 운동하는 물질들이 복사 제트(radiation jet) 형식으로 에너지를 방출하고 있고 중심부에 태양질량의 약 10억 배 정도가 되는 질량을 가진 은하 핵(galactic nucleus)이 있다. 즉, 퀘이사의 핵심은 블랙홀로 되어 있다고 말할 수 있다.

퀘이사는 큰 적색변위를 나타내고 있기 때문에 그들은 빠른 속도로 지구로부터 멀어지고 있다. 따라서 우주의 팽창(Big Bang)이론과 맥을 같이한다.

많은 퀘이사의 적색변위를 측정하여 분석한 결과 우주가 탄생한 지 42억 년 지났을 때 가장 많은 퀘이사가 나타난 사실이 밝혀졌다. 참고로 우주의 나이는 약 140억 년이다.

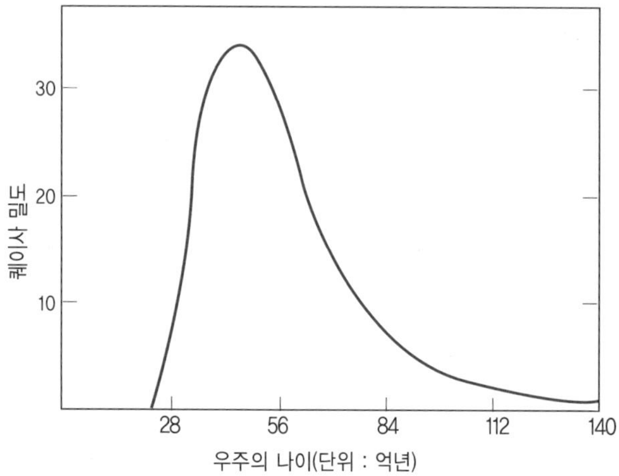

(Stephen Kent(FNAL)와 그 협력그룹 SDSS Collaboration이 2000년에 찍은 사진)

위 그래프는 어느 시기에 퀘이사가 얼마나 탄생했는지를 나타내고 있다.

왼쪽 사진에 화살표로 표시된 퀘이사는 가장 먼 거리에 있는 퀘이사인데 적색변위 Z = 5.82로 알려져 있다. Z값이 크면 클수록 먼 거리에 있다는 것을 의미한다. 이 퀘이사는 최근에 발견된 것인데, 대략 120억~130억 광년 떨어진 거리에 있다. 아마 우주가 탄생한 지 10억 년도 되지 않는 시기에 태어난 것으로 보인다. 이 퀘이사의 경우도 그 은하센터에 큰 블랙홀이 있는 것으로 추정된다.

아래 사진은 퀘이사가 모체 은하(host galaxy, 혹은 동반자 은하)와 어떻게 연계되어 있는지 보여주는 사진이다.

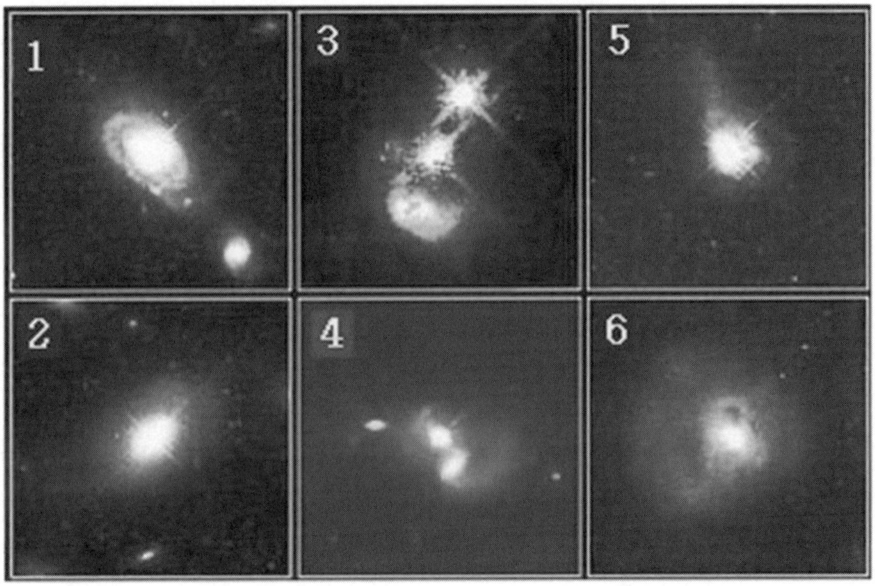

위의 사진 중 1번 사진은 PG0052+251 퀘이사이며, 지구로부터 14억 광년 떨어져 있는 소용돌이 은하의 핵심에 있다. 2번 사진은 PHL909 퀘이사이며, 지구로부터 15억 광년 떨어져 있다. 보통 타원형의 은하 속에 있다. 3번 사진은 시속 100만 m로 2개 은하가 파괴적으로 충돌하는 가운데 보이는 퀘이사 IRAS04505-2958이다. 30억 광년 떨어져 있다. 4번 사진은 PG1012+008 퀘이사이며 16억 광년 떨어져 있다. 2개 은하 사이의 거리는 3만 1,000광년이다. 퀘이사는 위쪽

은하 속에 있다. 5번 사진은 0316-346 퀘이사인데 지구로부터 22억 광년 거리에 있다. 동반자 은하와 지나가는 은하 사이에 충돌이 일어나고 있는 모습을 보여주고 있다. 6번 사진은 IRAS13218+0552 퀘이사인데 지구로부터 20억 광년이 떨어져 있다. 2개 은하가 서로 충돌하며 회전하는 모습을 보이고 있고 센터에 퀘이사가 있다.

이와 같이 퀘이사는 은하 속에서 그 핵심에 있는 큰 질량을 가진 블랙홀에 물질이 낙하하면서 마치 입자가속기로 입자를 가속시킬 때 발생하는 복사 같은 메커니즘에 의해 강한 빛을 방출하는 것이다.

6.4 블랙홀(Black Hole)

이제 여기서 블랙홀에 대하여 이야기하기로 하자. 블랙홀이 무엇인지 이미 많은 사람들이 책이나 매스미디어를 통하여 알고 있는지도 모른다. 그래서 여기서는 좀 더 구체적으로 블랙홀의 형성과정과 그 성질을 알아보기로 한다. 물론 이것을 정확히 이해하기 위해서는 고등수학과 아인슈타인의 일반상대성 이론을 알아야 하지만 여기서 대략적으로만 설명하기로 한다. 우선 다음과 같은 예를 생각해보자.

질량이 m인 로켓이 속도 v로 지구로부터 떠났다고 하자. 지구는 중력을 가지고 있고 그 중력이 로켓에 미친다. 중력은 인력이기 때문에 만약에 로켓의 속도가 작으면 어느 높이까지 올라갔다가 다시 지구로 떨어지게 될 것이다. 그런데 로켓의 속도가 임계치(臨界値)를 넘으면 그 로켓은 중력영역을 뚫고 계속적으로 지구로부터 멀어져간다. 즉, 지구의 중력영역을 벗어나게 되는 것이다. 이 임계속도는 11.2km/s로 알려져 있다. 이 값은 중력에 의한 위치에너지(퍼텐셜에너지)와 로켓의 운동에너지가 같다고 하면 얻을 수 있다. 이 속도를 지구로부터의 탈출속도라고 한다.

어떤 별이 질량 M을 가지고 있는데 이 별로부터 방출되는 빛이 그 별의 중력영역을 벗어날 수 있느냐 혹은 벗어나지 못하느냐의 경계상태를 생각해보자. 만약에 빛의 속도로 탈출하려고 해도 탈출 못한다면 그 영역의 반지름 R을 슈바르츠실트 반지름(Schwarzschild radius)이라고 한다. 즉, 그 별의 크기가 R이면 그 별로부터 방출되는 빛은 별 밖으로 나오지 못하는 것이다. 왜냐하면 이 영역에서는 중력에 의한 위치에너지가 운동에너지보다 크기 때문에 결국 중력의 영향이 커서 빛이 밖으로 나가지 못하게 되는 것이다.

이 상태가 바로 블랙홀이다. 이 반지름이 나타내는 경계선을 지평선(horizon)이라고 한다. 이는 블랙홀에는 분명히 경계선이 있다는 것을 말해주고 있는 것이다. 이러한 반지름을 가진 별은 블랙홀이며 빛을 밖으로 내지 않는다. 빛의 속도보다 큰 속도는 없고 모든 물질(입자들)은 빛의 속도보다 작은 속도로 움직이므로 그 운동에너지는 중력의 위치에너지보다 훨씬 작아지고 따라서 중력의 영향을 빛보다 더 강하게 받게 되고 결국은 그 물질은 슈바르츠실트 반지름 밖으로 나오지 못한다. 따라서 모든 물질들은 슈바르츠실트 반지름 내에 잡힌 상태가 되는 것이다. 이것이 일종의 블랙홀이다. 이러한 논리를 제시한 사람이 슈바르츠실트이다.

슈바르츠실트(Karl Schwarzschild, 1873~1916)

그는 1873년 10월 9일 독일의 프랑크푸르트(Frankfurt)에서 태어났고 스트라

스부르(Strasbourg)와 뮌헨(Mönchen)대학에서 공부하였다. 1896년 푸엥카레(J. Henri Poincare)의 이론 연구로 학위를 취득하고 난 후 빈(Wien)에 있는 쿠푸너(Kuffner)관측소에서 조수로 일했다. 1901~1909년 독일 괴팅겐(Göttingen)대학의 교수로 봉직하고 1909년 포츠담(Potsdam)의 천체관측소로 옮겼다. 1912년 프로이센(Prussia) 한림원 회원으로 추대되었고 결국 1916년 5월 11일 그곳에서 사망하였다.

태양의 반지름은 약 70만 km인데 태양의 슈바르츠실트 반지름은 약 3km이다. 따라서 태양의 크기가 3km로 압축되면 태양은 블랙홀이 될 것이다. 불행하게도 태양에는 이러한 압축이 일어나지 않는다. 이 압축을 중력붕괴(Gravitational collapse)라고 한다.

역사적으로 볼 때 '빛도 도망갈 수 없을 정도로 무거운 질량을 가진 천체'란 개념은 1783년에 영국의 지질학자 미셸(John Michell)이 제시한 바 있다. 물론 그 당시 일반상대성이론은 없었고 뉴턴역학만이 알려져 있었다. 따라서 그의 계산은 현실적이 아니다. 만약에 태양의 500분의 1 정도의 반지름을 가진 별이 태양과 같은 질량을 갖고 있다면 먼 거리에서 그 별 위에 물체가 떨어질 때 그 속도는 빛의 속도보다 크다고 계산해냈다. 따라서 이러한 별로부터 발사된 빛은 올라가는 것보다 떨어지는 것이 더 빠르기 때문에 결국은 이 힘에 의해 되돌아오게 된다고 주장하였다. 그는 이러한 별들은 볼 수가 없으나 우주 속에 존재할 것이라고 생각하였다.

1796년 프랑스의 수학자 라플라스(Pierre-Simon Marquis de Laplace)도 같은

개념을 가졌다. 《우주체계발생론(Exposition du Systeme du Monde)》이라는 그의 저서 초판과 재판에서 그것을 언급하였으나 그 후 그것을 삭제해버렸다. 왜냐하면 빛은 질량을 갖고 있지 않고 따라서 중력의 영향도 받지 않는다고 생각했기 때문이다. 또한 19세기에 그러한 아이디어가 별로 주목을 받지 못했기 때문이다.

1915년에 아인슈타인이 일반상대성이론을 제시함으로써 빛이 질량을 갖고 있지 않음에도 불구하고 중력의 영향을 받는다는 사실을 밝혀내었다. 이 이론을 토대로 슈바르츠실트가 블랙홀이 이론적으로 존재할 수 있다는 것을 밝혔다. 그러나 그는 그것이 단지 이론적 결과이며 현실적으로는 존재하지 않는다고 생각하고 있었다.

1920년대 인도 출신의 천문학자 찬드라세칼(Subrahmanyan Chandrasekhar)이 만약에 어떤 별이 태양의 질량보다 1.44배 이상 큰 질량을 갖게 되면 붕괴(collapse)한다고 주장하였다. 즉, M 〉 1.44M(태양)이다. 이 조건을 찬드라세칼 한계라고 한다. 이러한 붕괴가 결국 블랙홀을 탄생시켰다.

그러나 영국의 천문학자 에딩턴이 그의 주장을 반대하였다. 에딩턴은 아직 알려지지 않은 뭔가에 의해 붕괴되는 것을 필히 막게 될 것이라고 주장하였다. 사실은 양쪽이 다 옳다. 찬드라세칼 한계가 넘은 질량을 가진 백색왜성(White dwarf)이 중성자별로 붕괴된다. 학자들은 이 중성자별이 다시 붕괴하여 블랙홀을 형성한다고 보고 있다. 그러나 태양보다 약 3배 큰 질량을 가진 중성자별은 붕괴하기에 너무나 불안정하다.

찬드라 세칼(Subrahmanyan Chandrasekhar, 1910~1995)

그는 1910년 10월 19일 파키스탄(그 당시 인도였다)의 라홀(Lohore)에서 태어

났고 1995년 8월 21일 미국 시카고에서 사망하였다.

찬드라세칼 교수는 인도 출신이고 마드라스(Madras)에서 교육을 받았으며, 그 후 영국 케임브리지대학에서 천문학을 공부하였다. 그의 숙부는 라만(Sir Chandrasekhara Venkata Raman)인데 1930년 라만효과의 발견으로 노벨물리학상을 받은 사람이다. 1937년 그는 미국 시카고대학에 연구원으로 자리를 옮기고 1952년 석좌교수(Morton D Hull distinguished service professor)로 임명되었다. 1983년 천문학에 관한 업적으로 노벨상을 받았다.

1939년 미국의 오펜하이머(Robert Oppenheimer)와 슈나이더(H. Snyder)는 무거운 별들은 화려한 중력붕괴를 일으킬 수 있다고 예측하였다. 즉, 블랙홀이 원칙적으로 우주에서 형성된다는 것이다. 그러나 이러한 주장들이 1960년 중반까지 별로 주목받지 못했으나 이론적 발전과 관측기술의 개발에 인해 다시 블랙홀에 커다란 관심이 쏠리게 되었다. 호킹(Stephen Hawking) 박사와 펜로즈(Roger Penrose) 교수는 블랙홀이 중력에 관한 아인슈타인의 이론에 근본적으로 근거를 두고 있다는 것을 증명하였다. 즉, 그 이론에서 필연적으로 유도된다는 것이며, 붕괴되어가는 천체가 반드시 있다는 것이다. 그 천체는 1967년에 발견된 펄서(Pulsar)이다.

여기서 정리를 한번 해보자.

첫째, 태양의 질량보다 1.44배 이상의 질량을 가진 별은 진화하여 초신성이 되어 화려하게 폭발한다. 바깥 부분은 모두 우주공간으로 날라가고 핵심 부분이 고압으로 압축이 되어 백색왜성으로 남는다.

둘째, 이 백색왜성이 중력붕괴하여 중성자별이 형성된다. 이들은 펄서로 관측된다.

셋째, 이 펄서, 즉 중성자별이 다시 중력붕괴되어 블랙홀을 형성하게 된다.

6.5 블랙홀에 대해 좀 더 알아보기

블랙홀이란 말을 1967년에 처음으로 사용한 사람은 미국의 물리학자 존 휠러(John Archibald Wheeler, 미국 프린스톤대학 교수, 1911~2008)이다.

질량이 태양보다 10배 크면서 반지름이 30km밖에 되지 않은 경우, 혹은 양성자와 같은 크기(10조 분의 1cm)로 질량이 10억 톤이나 되면 그것이 블랙홀이 된다. 블랙홀에는 2종류가 있다. 그 하나는 회전하지 않는 슈바르츠실트형이고 또 하나는 회전하는 커(Kerr)형이다.

지평선을 다시 설명해보면 물리적인 일이 일어나는 것을 사건이라고 하는데, 사건의 지평선이란 '무한의 크기를 나타내는 적색변위와 무한의 시간지연(時間遲延, time dilation)을 나타내는' 중력의 특이한 영역을 말한다.

우주선이 막대한 중력을 갖고 있는 블랙홀의 지평선에 접근한다고 가정할 때 블랙홀로부터 먼 거리에 설치된 시계와 우주선 내에 설치된 시계의 시간 새김을 비교해보면 우주선 속의 시계가 나타내는 시간흐름이 먼 거리에 있는 시계가 나타내는 시간흐름보다 점점 늦어져가는 것을 관찰하게 된다. 이것을 시간지연(time delay)이라고 한다. 만약에 질량이 태양보다 10억 배나 크고, 반지름이 27억 km인 블랙홀의 경우 시간지연이 거리에 따라 엄청난 차이를 보인다. 그 예로 지평선으로부터 1m 위치에서 2일이라는 시간이 지평선으로부터 10억 km거리에서는 4,260년이 된다. 즉, 10억 km떨어진 위치에서의 시간흐름과 1m 위치에서의 시간흐름 사이에 약 77만 7,000배나 차이를 보이는 것이다. 1m 위치에서의 시간흐름은 엄청나게 느리다. 지평선에서는 시간흐름은 완전히 없어진다.

물체가 지평선에 떨어지는 것을 먼 거리에서 관측할 때 그 물체는 지평선에 접근하면서 점점 시간을 많이 필요로 하며, 결국 영원히 지평선에 도달할 수 없다. 다시 말하면 시간흐름이 느려져서 1m 거리를 진행하는 데 엄청난 시간이 걸리며 영원히 지평선에 도달할 수 없는 것이다.

지평선의 반지름은 슈바르츠실트형 블랙홀의 경우 그 내부에 있는 질량에 의해 결정되어 있고, 만약에 블랙홀이 태양과 같은 질량을 갖고 있다면 그 지평선 반지름은 2.7km이다. 현재 확인되고 있는 최대 블랙홀은 태양보다 10억 배 큰 질량을 갖고 있으며, 그 크기는 대략 태양계 전체와 같다.

한편으로 회전하는 커형 블랙홀은 각 운동량 보존법칙에 의해 회전속도를 알 수 있다. 한 바퀴 도는 시간, 즉 자전주기(自轉周期)가 27일, 반지름이 70만 km인 태양이 만약에 지구 크기에 축소되었다면 자전속도는 200km/s이며, 자전주기는 2~3분 정도가 된다. 만약에 반지름이 2~3km 정도로 축소되면 자전속도는 빛의 속도에 가까워지고, 자전주기는 초보다 짧아진다. 실제로 게 성운(Crab nebula) 속에서 발견된 펄서는 태양보다 큰 질량을 가진 중성자별이며 30분의 1초란 주기로 자전하고 있다.

(1) 블랙홀의 최대 에너지 방출효율

별은 핵융합을 통하여 자기 질량을 방사(放射)열에너지로 변환시키고 있으나 그 효율은 겨우 질량의 0.7% 정도밖에 되지 않는다. 그러나 블랙홀은 슈바르츠실트형의 경우 에너지변환 효율은 흡수한 물질의 질량의 5.7%, 커형 블랙홀의 경우는 42%에 달한다.

(2) 블랙홀의 크기

① 거대한 질량을 가진 블랙홀(Supermassive Black Hole)

이러한 블랙홀은 대부분이 은하 중심부에 존재한다고 믿고 있다. 물론 우리 은하에도 있을 것으로 믿고 있다. 이 블랙홀의 질량은 태양질량보다 수백만 배, 수십억 배가 되며 그들이 어떻게 형성되었는가 하는 몇 개의 모형이 제시되고 있다.

첫째는 고밀도의 별들의 집단(Cluster)이 중력붕괴(Gravitational collapse)에 의해 탄생한다.

둘째는 스텔러매스(Steller mass)를 가진 '씨' 블랙홀에 많은 질량을 보태주는 양식이다.

셋째는 상대적으로 작은 블랙홀의 융합이 되풀이함으로써 형성된다는 것이다.

② 중간 크기의 질량을 가진 블랙홀(Intermediate-mass Black Hole)

태양질량의 수천 배 정도의 질량을 가진 블랙홀은 초강성(ultra-luminous) X-선을 방사하고 있는 큰 소스(power source)라고 여겨진다. 2004년 우리은하의 중심에 있는 핵심으로 추정되는 궁수자리(Sagittarius A)로부터 3광년 떨어진 위치에 태양질량의 1,300배 정도의 질량을 가진 블랙홀을 발견하였다는 보고가 나왔다. 그러나 그 후의 것이 오류임이 밝혀졌다.

이 사진은 1999년 4월 10일에 메릴랜드대학의 윌슨(Andrew S. Wilson)이 찍은 컴퍼스자리(Circinus) 은하인데 그 중심부에 블랙홀이 있다고 추정되고 있다.

③ 미니 블랙홀(Micro black hole)

4개의 기본 힘(중력, 전자기적 힘, 강력, 약력)을 통일한다는 대통일이론이 제시하는 모형에서는 실험실에서 마이크로 블랙홀을 생성할 수 있다는 답을 낸다. 중력을 다른 3개의 힘과 통일하기 위해서는 힘의 근원이 되는 매체입자의 질량이 막대한 플랑크(Planck)에너지 정도가 되어야 하는데 이 이론은 그것이 나머지 3개 힘이 통합될 때 필요한 에너지와 거의 같다고 가정하고 있다. 이 가정을 받아들인다면 우주 규모의 입자가속기로 대단히 짧은 수명을 가진 블랙홀을 만들어낼 수 있다는 답을 얻을 수 있다. 하지만 지금까지 이러한 블랙홀을 생성했다는 증거는 없다.

(3) 블랙홀의 발견

1970년 강력한 X선을 방출하는 천체의 실체를 규명하기 위해 미국 과학자들이 Wulf란 인공위성을 아프리카의 케냐에서 쏘아 올렸다. 그 결과 수백 개의 X-선 천체를 발견하였는데 대부분이 중성자별이다. 그러나 백조좌 X1만이 달랐다. 그 위치에 태양질량의 약 30배나 되는 파란 빛을 내는 별이 있었다. 이 별이 태양보다 약 10배 큰 보이지 않는 천체에 의해 끌려가고 있는 것이 확인됨으로써 많은 천문학자들이 블랙홀로 인정하였던 것이다.

아래 사진은 NGC4261 은하인데 그 중심부로부터 막대한 제트(jet)가 발사되어 있으며 또한 대단히 강한 라디오파가 방출되어 있다. 중심부에 역시 블랙홀이 있다고 추정된다. 그 질량은 태양질량의 약 10억 배라고 알려져 있다.

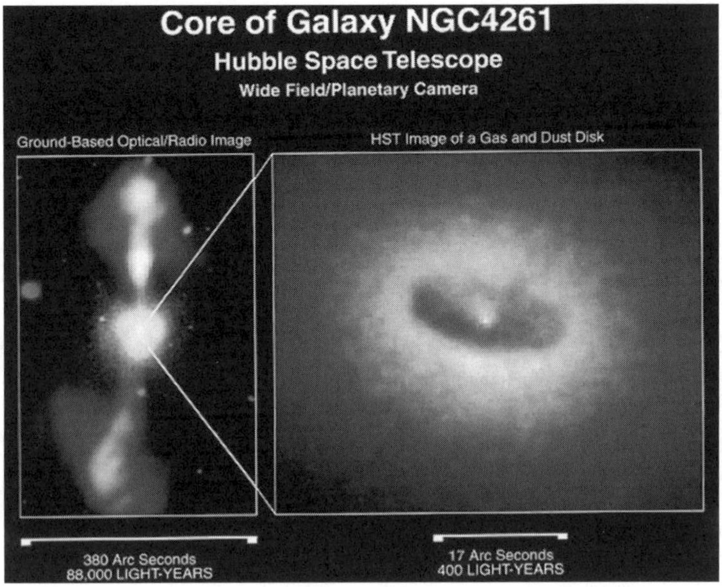

(4) 우주 초기의 원시(原始) 블랙홀

1974년 케임브리지대학의 호킹 박사가 우주 초기에 원시 블랙홀이 생겼다고 주장하였다. 우주가 초기단계에서 팽창이 균일하게 일어났을리가 없으며, 팽창하지 못한 불균일한 부분이 여러 가지 크기의 블랙홀로 남았다는 것이다. 이것을 관측하기 위해서는 초소형 블랙홀이 소멸할 때 방출하는 감마선(Gamma ray)을 검출해야 한다. 초소형이란 양자역학적 효과가 바로 나타날 정도의 크기, 즉 원자핵이나 전자 등의 크기를 말한다. 그러나 10억 톤 이하의 초소형 블랙홀은 양자역학적 효과에 의해, 전자파나 뉴트리노(neutrino, 中性微子)를 방출하면서 증발하여 소멸되어버렸지만, 마지막 수년간 막대한 에너지를 갖고 있는 감마선이 방출되었다. 이 감마선을 검출하는 것은 그렇게 쉬운 일이 아니다. 따라서 호킹 박사의 주장은 입증되어 있지 않다.

(5) 보지 못하는 블랙홀의 존재

블랙홀의 막대한 중력영향을 받은 별의 운동을 보고 블랙홀의 존재를 확인한다. 총 질량이 태양의 수십 배나 되는데, 질량이 태양의 2~3배밖에 안 되는 한쪽의 별만이 보이는 연성(連星)인 경우 보이지 않는 또 한쪽의 별이 바로 블랙홀이라고 생각된다.

블랙홀이 일으키는 현상은 ① 보이지 않은 질량(missing mass), ② 주변의 물질이 낙하할 때 X-선을 방출, ③ 물질을 흡수, ④ 중력파원(重力波源), ⑤ 중력렌즈 등이다.

실제로 블랙홀이 물질을 흡수하는 것이 1999년 8월 일본 학자들에 의해 처음으로 관측되었다. 지구로부터 약 1억 광년 떨어져 있는 은하 NGC3516의 중심에 있는 태양질량의 약 1,000만 배나 되는 질량을 가진 블랙홀을 관측한 것인데, 은하가 방출하는 X-선의 파장을 분석한 결과 가스가 블랙홀에 흡수되는 속도가 시속 1,040만 km임이 확인된 것이다. 그 후 미국 오하이오대학의 천문학자들이 블랙홀의 강력한 중력에 의해 주변의 먼지나 가스가 소용돌이치면서 흡수되어가는 것을 촬영하는 데 성공하였다.

6.6 2연 펄서(Binary Pulsar) PSR 1913+16

2개의 펄서가 연성계를 형성하고 있는 것을 2연 펄서(쌍성펄서)라고 한다. 이 펄서로부터 발사된 펄스를 푸에르토리코(Puerto Rico)에 설치된 305m 전파망원경(Arecibo radio telescope antenna)을 사용하여 헐스(Russell Hulse)와 테일러(Joseph Taylor)가 관측함으로써 아인슈타인의 일반상대성이론의 타당성을 입증하였다.

조셉 테일러(Joseph Hooton Taylor, 1941~)

1941년 3월 29일 미국 필라델피아에서 태어났다. 1963년 해버포드대학을 졸업하고, 1968년 하버드대학에서 박사학위를 취득하였고, 1980년 프린스턴대학의 제임스 맥도널(James S. McDonnell) 석좌교수로 활약하다가 2006년 정년퇴임하였다.

러셀 헐스(Russell Alan Hulse, 1950~)

1950년 11월 28일에 뉴욕에서 태어났다. 미국 매사추세츠 애머허스트대학에서 박사학위를 취득하고 서버지니아 Geen Bank에 있는 미국국립전파천문대(National Radio Astronomy Observatory)에서 연구를 계속하다가 프린스턴대학으로 옮겼다. 2003년 텍사스대학 댈러스 캠퍼스에서 초빙교수로 일하다가 2007년 7월부터 오로라 이미징 테크놀로지(Aurora Imaging Technology)에서 자문위원으로 일하고 있다.

테일러와 헐스가 관측한 2연 펄서에 대한 내용을 미국 학회지 〈사이언티픽 아메리칸(Scientific American)〉 1981년 10월호에 와이즈버거(J. M. Weisberg), 테일러 및 파울러(L. A. Fowler)가 발표한 해설을 토대로 설명해보자.

이 펄서는 빠른 속도로 자전하고 있는 역학계이며 강한 자기장을 나타낸 중성자별 2개로 구성되어 있음이 확인되었다. 초당 17번 자전하며, 펄스의 주기는 59ms(밀리세컨드)이다. 그들은 이 펄스의 도착시간이 규칙적으로 변하는 것을 알게 되었는데 어떤 경우는 펄서가 약간 빨리 도착하고, 어떤 경우는 조금 늦는다는 것이다. 이러한 변화가 7.75시간 주기로 되풀이된다. 이러한 현상은 펄서가 다른 별과 2중 궤도를 공유할 때 일어난다.

만약에 펄서가 동반자별과 공통 질량중심(center of mass) 주변을 타원궤도를 그리면서 회전한다면 이 2개의 별은 항상 서로 질량중심의 반대편에 위치하게 된다. PSR1913+16은 거의 질량이 같은 펄서 2개로 구성되어 있으며, 궤도회전주기는 7.75시간이고 질량은 각각 태양질량의 1.4배이다. 그림에서 보인 것과

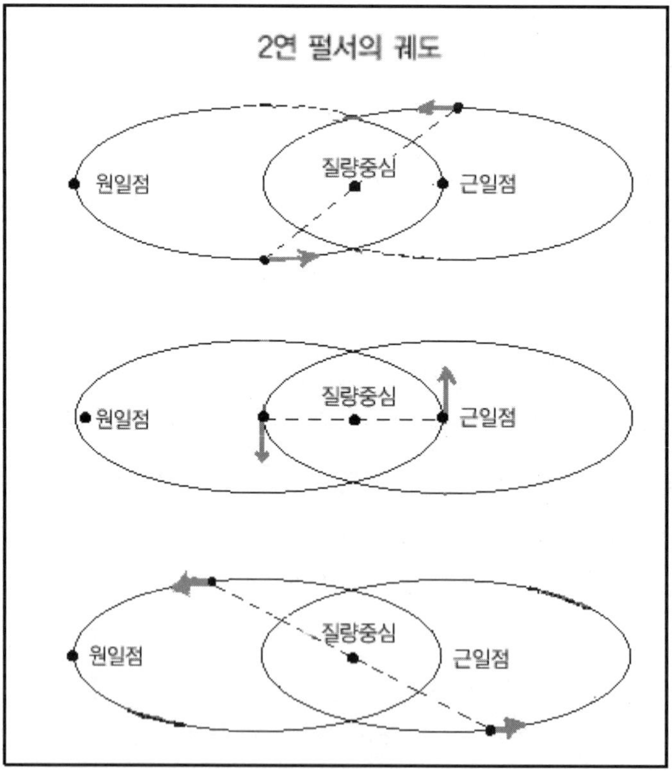

같이 근일점(近日点, periastron, 2개 펄서가 가장 가까이 왔을 때)에서의 최소 거리는 태양 반지름의 1.1배이며 원일점(遠日点, apastron, 2개 펄서가 서로 가장 먼 지점에 있을 때)에서의 최대거리는 태양 반지름의 4.8배이다. 근일점에서의 회전속도는 75km/s이며 원일점에서의 속도는 300km/s이다. 실은 헐스와 테일러는 펄스의 시간을 잼으로써 궤도운동에 관한 정보를 알아내었다.

초당 펄스가 몇 개 오는가를 알면 펄서의 반지름속도(반지름이 변하는 데 대한 그 길이의 시간변화)를 알아낼 수 있다. 만약에 펄서가 근일점에 접근하면서 서로 가까이 온다면 도플러(Doppler)효과 때문에 파장이 짧아지므로 펄스와 펄스 사이가 좁아지고 따라서 단위시간에 펄스의 수는 많아질 것이고, 펄서가 원일점 근처에서 멀어지는 방향으로 움직인다면 펄스의 수는 줄어든다. 이 상황은 다음 그림에서 볼 수 있다.

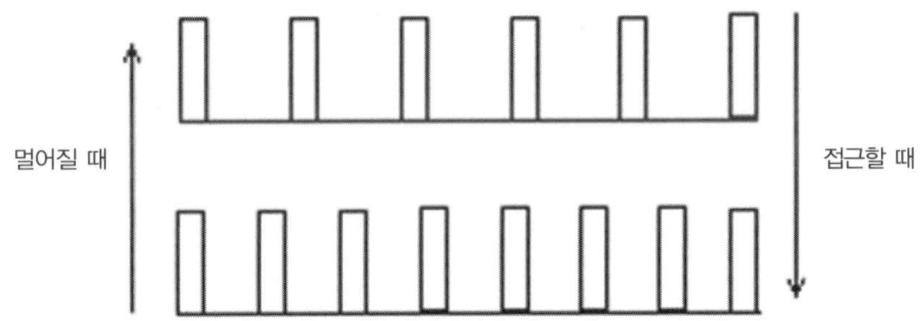

단위시간 동안 펄스 수의 변화

또한 펄서가 궤도상을 운동할 때 펄스가 우리에게 도착하는 시간도 변한다. 펄서가 그 궤도상 지구에 가장 가까이 있을 때 가장 먼 거리에 있을 때보다 3초 이상 빨리 도착한다. 이 3초 차이는 빛의 속도로 달리므로 90만 km에 해당한다.

펄서가 서로 가까이 왔다가 또 멀어지므로 중력파의 크기는 근일점에서 강해지고 원일점에서 약해지는 것이다. 이러한 현상을 분석함으로써 시간의 형태를 알아낼 수 있게 된다. 만약에 원일점을 지나서 이들 펄서가 서로 가까워지는 방향으로 움직이면 가까워질수록 중력장은 더 커진다. 왜냐하면 중력은 거리에 역비례하기 때문이다. 따라서 시간흐름은 늦어진다. 이것은 아인슈타인에 의해 예측되었다. 펄서가 빠른 속도로 움직이고 중력장의 강한 부분을 지나갈 때 펄서의 시계는 늦어지고 반대로 원일점에서 펄서가 천천히 움직이고 중력장이 약하게 되므로 시계는 빨라진다.

상대론적 시간지연이라는 것은 만약에 펄서가 일정한 거리를 일정한 속도로 질량중심 주변을 돌 때 기대되는 시간과 실제로 관측되는 시간 사이의 차이를 말한다. 펄서 주변의 시간 공간은 많이 휘어져 있으며, 이 곡률(曲率)이 펄서의 궤도를 앞당기게 하는 것이다. 또한 펄서의 궤도는 시간에 따라 회전하게 된다. 아래 그림과 같이 궤도는 닫힌 타원이 아니고 열린 타원이다. 한 바퀴 돌았을 때 출발점에 돌아오지 않고 약간 앞으로 기울게 된다. 이것은 일반상대성이론의 궤도면 회전(근일점)현상이며 바로 수성의 근일점과 유사한 것이다. PSR1913+16의 근일점은 1년에 4.2도인데 수성의 경우 100년에 43초이다.

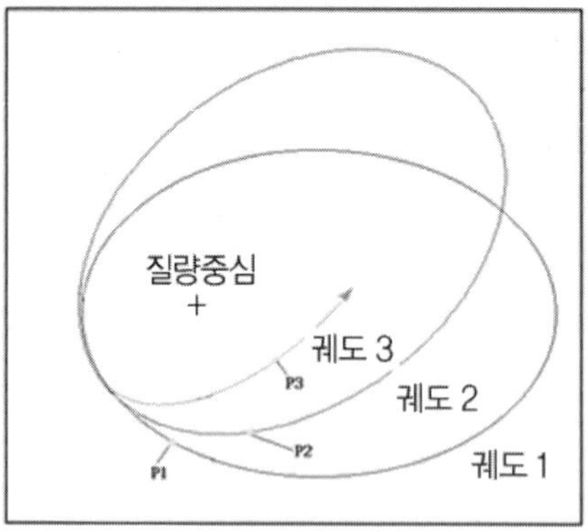

궤도 1의 P1 점이 한 바퀴 돌면 P2 점에 오고 궤도는 궤도 2가 되며 두 번째로 돌 때는 P2 점이 P3 점에 오게 되고 결국은 그림과 같이 궤도가 회전한다. 실은 P1으로부터 출발하여 P2에 도달하는 시간보다 P2로부터 출발하여 P3에 도달하는 시간이 약간 짧다. 즉, 주기가 미미한 양만큼 짧아진다.

상대성이론은 2중성의 궤도 에너지가 중력복사(輻射)로 변하면서 시간에 따라 점점 그 에너지를 잃게 된다고 예측하고 있다.

1983년 테일러 교수와 헐스가 펄서가 근일점에 도달하는 시간을 관측하여 두 펄서 사이의 거리가 일정하다고 가정했을 때 얻어지는 값과 다르다는 것을 확인하였다. 그것은 규칙적으로 변위되고 있다.

다음 도표에 나타난 데이터는 PSR1913+16이 발견된 직후 처음 28년 동안 얻어진 것이며, 1975~2003년 사이에 궤도가 일정하게 남아 있었다고 가정했을 때 얻어지는 값보다 40초 줄어든 것을 나타내고 있다.

2중성 시스템이 에너지를 잃으면서 궤도가 수축하고 언젠가는 이 2개의 별이 하나로 합칠 것이다. 이러한 결합이 강한 중력복사를 발사할 것이고 중력파 관측소(Laser Interferometer Gravitational-Wave Observatory)가 그것을 검출하게 될 것이다.

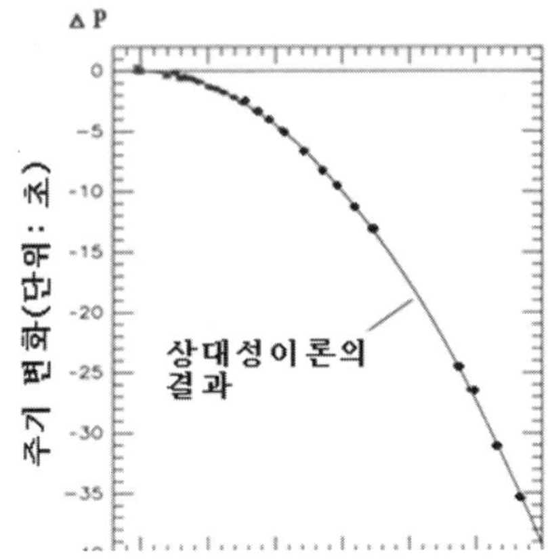

(그림: Clifford M. Will, [The Confrontation between General Relativity and Experiment] Living Rev. Relativity 9, (2006) 3, URLSection 5.1 The binary pulsar and general relativity)

옆의 그림에서 실선은 일반상대성이론의 예측한 결과를 나타내고 있고 관측치와 잘 일치함을 보여주고 있다. 또한 어떤 학자들은 펄서가 합칠 때 충돌하므로 그것에서 감마선 다발(burst)이 발사된다고도 한다.

아래 그림에 나타낸 것은 펄서의 궤도가 시간에 따라 수축하는 모습이다. 한 바퀴 도는 동안 궤도는 3.1mm만큼 수축한다. 그리고 지금부터 약 3억 년 후에 2개 펄서는 합쳐질 것이다. 궤도의 크기를 비교하기 위해 태양의 크기를 표시하였다. 궤도는 태양보다 훨씬 크다.

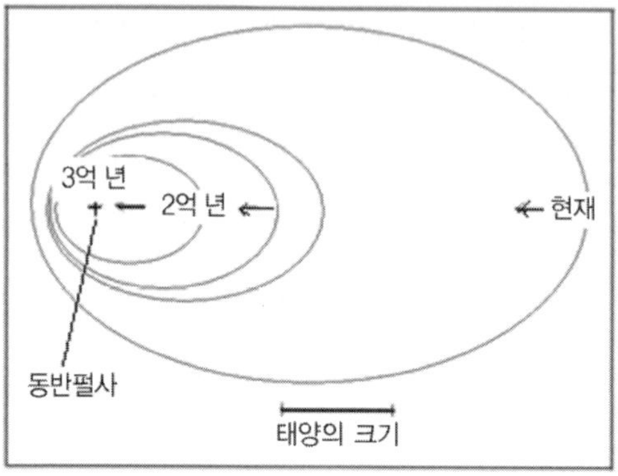

(참고로 한 논문): J. M. Weisberg, J. H. Taylor and L. A. Fowler, "Gravitational Waves from an Orbiting Pulsar", Scientific American p.74, October, 1981

이 사진은 푸에르토리코의 아레시보(Arecibo)에 있는 세계 최대 라디오 망원경이다. 이 망원경의 직경은 300m이며, 계곡에 설치되고 있다. 테일러 교수 등은 이것을 이용하였다.

제7장

은하(galaxy)

고대 및 중세기 사람들은 태양계를 우주로 인식하고 있었으나 근대로 진입하면서 과학지식과 기술이 비약적으로 발전함에 따라 인간의 우주관은 더 크게 넓어지기 시작하였다. 은하는 우주의 중요한 구성원으로서 그 운동은 우주를 이해하는 데 결정적 역할을 한다. 그들의 회전운동을 분석하는 과정에서 미지의 물질, 즉 암흑물질의 존재가능성이 제기되었다.

은하(galaxy)

이번에는 은하에 관한 이야기를 해보자. 은하는 물론 수없이 많은 별이 모여서 형성한 별의 집단이다. 따라서 이것들은 여러 모양을 갖게 되는데 대체로 ① 소용돌이 은하(spiral galaxy), ② 타원형 은하(elliptical galaxy), ③ 불규칙 은하(irregular galaxy)로 분류된다. 이러한 은하들은 우주공간을 운동하며 때로는 충돌하기도 한다. 별의 집단이므로 그 속의 어떤 별은 막 탄생하기도 하고 이미 본 초신성 폭발 같은 드라마틱한 사건들도 일어난다. 한편으로 우주에 분포되어 있는 은하들은 우주의 팽창에 따라 빠른 속도로 확산해나간다. 그러한 은하의 거리를 측정하는 것은 그리 쉬운 일이 아니지만 현대천문학은 비교적 정확하게 그 위치를 측정할 수 있다.

지극히 먼 거리에 있는 별을 관측하기는 어렵지만 은하는 가능하다. 또한 은하는 우주의 중요한 구성원으로서 그 운동은 우주를 이해하는 데 결정적 역할을 한다.

우선 우리가 살고 있는 은하수 은하, 즉 우리은하를 다시 살펴보자.

7.1 은하수 은하(Milky Way)

고대 및 중세기 사람들은 태양계를 우주로 인식하고 있었으나 근대로 진입하면서 과학지식과 기술이 비약적으로 발전함에 따라 인간의 우주관은 더 크게 넓어지기 시작한다. 태양계, 우주 다음은 은하수 은하이다.

2장과 3장에서 태양계를 살펴봤는데 태양계도 우리은하에 속하고 있고 태양 같은 별이 그 안에 수없이 많이 있다. 따라서 인간은 태양계를 우주로 인식하던 시기에는 태양계에 있는 행성들을 면밀하게 관측하였으나 그것보다 더 큰 우주가 있다는 것을 알게 되어 놀랐을 것이다.

사실 우리 은하수 은하 내에서 태양은 별것 아니며 지극히 작은 존재에 지나지 않다. 뿐만 아니라 이미 4장에서 본 바와 같이 초신성 같은 화려한 생애도 마칠 수 없다. 앞으로 약 50억 년 후에는 적색거성이 되고 결국은 그 핵심에 백색왜성을 남기고 영원히 우주에서 사라진다. 물론 그 백색왜성이 다시 새로운 별로 태어나긴 하지만. 차차 우리은하의 모습이 드러나면서 우주에 대한 우리의 지식은 그만큼 커지고 깊어져 간다.

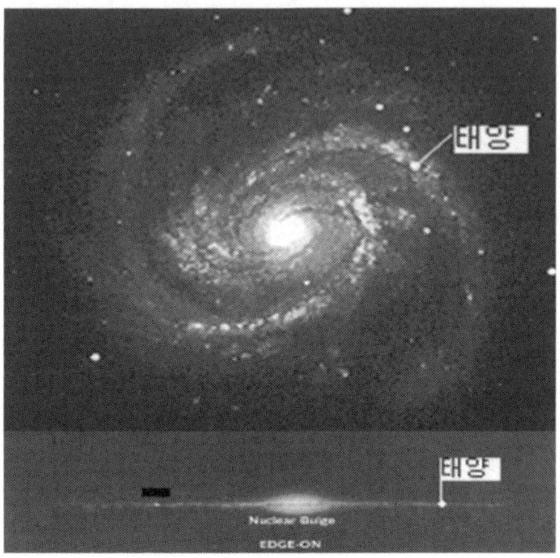

현재 우리가 알고 있는 우리은하를 다음과 같이 다시 정리해보기로 한다.

우리은하는 220km/s의 속도로 전체가 회전하고 있고 은하의 직경은 10만 광년이며, 태양은 중심으로부터 약 5분의 3, 즉 3만 광년 부근에 위치하고 있다.(여기서 광년이라 하면 빛의 속도로 1년간 달린 거리를 말하며, 빛의 속도는 1초에 지구를 7회 반 정도 돌 수 있다. 즉, 30만 km/s이다. 따라서 1광년은 약 10^{13}km, 즉 10조 km이다).

중심부는 구형이며 그 크기는 약 3,000광년이다. 이것은 엄청난 크기이다. 왜냐하면 예수가 탄생하고 지금까지 약 2000년이 지났는데 그때 출발하여 빛의 속도로 지금까지 달려도 2,000광년밖에 되지 않는다. 즉, 아직도 은하 중심부 자체도 통과하지 못하고 있으니 말이다.

중심부에는 많은 별들이 모여 있어서 막강한 빛을 내고 있다. 사진에서 볼 수 있는 것처럼 그 전체 형태는 소용돌이 모양이고 3개의 날개가 펴져 있다. 그중 하나에 태양이 붙어 있는 것이다. 고대 천문학자나 철학자들이 지구 중심 혹은 태양 중심의 우주를 주장하고 있었다는 것이 얼마나 어리석은 일인지 우리는 지금 알게 된 것이다. 이 은하계에는 태양 같은 별이 1,000억 개나 있으니 얼마나 기가 막히는 일인가. 따라서 태양계 같은 구조가 우리은하 속에 약 1,000억 개 있다는 사실은 믿기 어려울 정도이다. 그렇다면 인간과 같은 고도로 진화된 생물체가 그 어느 행성에 존재하고 있지 않을까 하고 상상해볼 수도 있다. 그러나 현재까지 그러한 증거는 아직 찾지 못하고 있다. 한때 전자기적 펄스를 주기적으로 보내오는 별(즉, 펄서)이 발견되어 혹시 고도로 진화된 생물체가 우리와 교신하기 위해 펄스를 보내온 것이 아닌가 떠들썩한 적이 있었다.

우리은하가 한 바퀴 도는 시간은 약 2억 4,000만 년이며 우주의 나이가 약 140억 년으로 추정하고 있으므로 우리은하가 우주 탄생 초기(약 2~3억년)에 형성되었다고 가정하고, 지금 우리은하가 어느 부분도 거의 같은 속도 220km/s로 그 중심을 회전하고 있는 상태가 과거에도 형성되어 있었다고 한다면, 중심으로부터 3,000광년 떨어진 부분은 이미 570회 정도 회전하였고, 태양계는 약 60회 정도, 은하 끝부분은 약 30회 정도 회전하였다.

은하의 모든 부분이 거의 같은 속도로 회전한다는 사실은 중심 부근은 끝부분보다 빠르게 회전한다는 뜻이다. 왜냐하면 속도는 각 속도에 거리를 곱한 것이기 때문에 거리가 길면 각 속도가 작아도 중심부의 속도와 같은 속도를 얻을 수 있기 때문이다. 결국은 중심부 부근은 빠르게 회전하고 끝부분은 천천히 회전하기 때문에 위 사진에서 볼 수 있는 것같이 소용돌이 모양을 갖게 되는 것이다. 즉, 끝부분이 중심부보다 회전이 처진다.

은하 사진에서 밑에 보인 사진은 은하를 옆으로 본 것인데 중심부는 원형이고 두께가 약 3,000광년이며, 중심부로부터 약 1.5만 광년 부분은 1,500광년의 두께를 갖고 있고, 중심부로부터 3만 광년 부분은 약 700광년 정도의 두께로 되어 있다.

우리은하는 우주의 중심부에 있는 것이 아니고 약간 벗어난 위치에 있다고 추측된다. 물론 정확한 위치는 더 많은 정보를 수집하고 면밀한 분석을 한 다음에 알게 될 것이다. 지금도 많은 천문학자나 천체물리학자 들이 연구를 계속하고 있다.

또한 제2장에서 설명한 케플러의 제3법칙을 이용하면 은하 전체의 질량을 얻을 수 있으며, 그 양은 태양질량의 약 1,400억 배가 된다. 따라서 우리은하 속에는 별이 1,400억 개 이상이 있다는 것이다. 이것은 엄청난 양이다. 그런데 우주에는 이러한 은하가 수천억 개가 있다고 하니 도무지 우주는 상상도 못할 정도로 거대한 공간이다. 그중에 있는 별의 수도 셀 수 없을 정도로 많고 지구는 아무것도 아닌 점에 지나지 않는다. 그 위에 살고 있는 인간은 또한 아무것도 아닌 존재인 것이다. 어떻게 보면 일상생활에서 여러 가지 일로 고민도 하고 고생도 하는데 우주의 거대함을 생각하면 아무것도 아닐 수도 있다.

또 한편으로 우주의 이러한 사실들을 알아내는 인간의 힘은 놀라운 것이다. 현대과학은 상상을 초월하는 발전을 하였지만 아직도 계속적으로 발전속도를 가속화하고 있다. 어디까지 갈지 알 수 없다는 것이 정답이다. 과학의 발전이 반드시 인간을 행복하게 할 것인가, 혹은 불행하게 만들 것인가 하는 문제는 철학자들의 연구과제이다. 그러나 분명한 것은 인간이 우주에 대하여 알고 싶다는 강한 갈망을 갖고 있다는 점이다. 그래서 우리는 지금 이 책을 통하여 우주에 대해 공부하고 있는 것이다.

NGC5247, 거리 : 6,600만 광년. (Virgo 성운 속)

M100(NGC4321). 거리 : 5,250만 광년(ESO 촬영) 1781년 메생(Pierre Mechain)이 발견함.

7.2 안드로메다(Andromeda)와 불규칙한 은하

우리은하에 제일 가까운 또 하나의 은하는 안드로메다이다. 이것은 M31 혹은 NGC224로 분류되어 있는데 지구로부터 210만 광년 떨어진 위치에 있으며 소용돌이 모양을 가지고 있고 팔 부분을 포함하여 직경이 약 15만 광년이다. 처음에 이 은하가 우리은하 속에 있다고 인식되어왔으나 나중에 우리은하 밖에 있다는 것이 확인되었다.

안드로메다(Andromeda Galaxy, M31(NGC 224))

다음 사진은 안드로메다의 동반은하인 M32(NGC221)인데 타원은하로 잘 알려져 있다. 비교적 작은 은하이며 직경 약 8,000광년, 질량은 태양의 약 30억 배이다. 1749년 갈라찌엘(Guillaume-Joseph-Hyacinthe-Jean-Baptiste Le Gentil de la Galazière)에 의해 발견되었다.

M32

NGC1427A

이 사진은 불규칙형 은하인 NGC1427A 이다. 2005년 허블 망원경으로 찍은 것인데 지구로부터 약 6,200만 광년 떨어진 위치에 있고 600km/s의 속도로 화로자리 은하(Fornax)단 중심으로 빨려 들어가고 있다.

이와 같이 은하에는 여러 형태가 있다. 충돌하고 있는 순간을 보여주고 있는 NGC4038과 NGC4039 같은 것도 있고 M82경우는 2개의 은하가 충돌하여 붙어 있는 듯한 것도 있다.

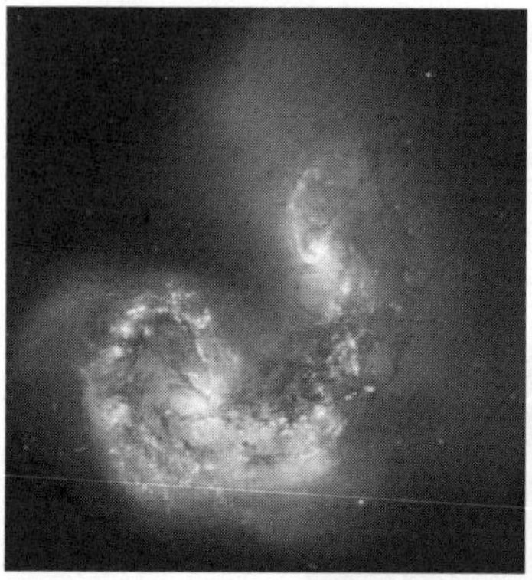

NGC4038-4039

M82

또한 은하들은 집단을 형성하고 있다. 그 예로 우리은하, 안드로메다, 퍼르낙스, 스칼프타, M33 들이 하나의 은하집단을 형성하고 있는 것이다.

7.3 먼 거리에 있는 은하의 거리측정

은하의 거리측정은 별의 거리측정과 다른 방법을 쓴다. 그것은 허블의 법칙과 적색변위를 잘 결합시켜서 거리를 측정하는 방법이다.

(1) 허블(Hubble)의 법칙

우주가 팽창하고 있는데 그 속에 있는 은하들도 다 멀어져가는 운동을 한다. 먼 거리에 있는 은하의 움직이는 속도보다 내부에 있는 은하의 속도는 작다. 만약 그들의 속도가 같다면, 혹은 바깥 부분의 속도가 작고 내부의 속도가 크면 은하들이 바깥쪽에 꼬이게 된다. 은하가 우주 전체에 골고루 분포되기 위해서는 바깥쪽에 있는 은하에 비해 내부쪽에 있는 은하는 느린 속도로 움직여야 한다. 즉, 먼 거리에 있는 은하일수록 그 속도가 크다.

이것을 수식으로 표현하면 결국은 다음과 같은 허블의 법칙이 된다. 물론 허블은 많은 은하를 관측하여 이 법칙을 찾아내었지만 위에서 고찰한 것처럼 물리적 상황을 고려하면 당연한 내용이다.

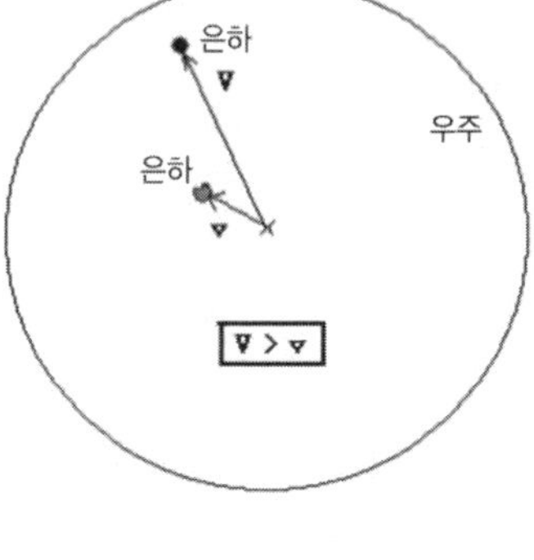

허블의 법칙은 v(멀어지는 은하의 속도) = H(허블 상수)×d(그 은하까지의 거리)인데 이것을 표현을 바꾸면 $d = v/H$ 로 쓸 수 있다.

만약에 은하가 멀어져가는 속도 v를 알게 되면 거리 d을 알아낼 수 있는 것이다. 속도는 어떻게 알아낼 수 있는가? 그것은 빛의 도플러효과를 이용하면 된다. 여기서 도플러효과에 대하여 약간 설명하기로 하자.

7.4 도플러효과(Doppler effect)

적색변위(Red Shift, 赤色變位 ; 赤色偏移로도 불린다)란 가시광선의 스펙트럼이 빨간색 쪽으로 이동하는 현상을 말한다. 즉, 파장이 긴 쪽으로 변위하는 것이다. 왜 이러한 현상이 일어나는가? 이것을 알기 위해서는 고전물리학에서 말하는 도플러효과를 공부해야 한다. 도플러효과란 음파의 파장 혹은 진동수가 음원(音源)의 운동에 따라 변하는 현상을 말한다. 만약에 어떤 파장을 가진 음파를 내는 음원이 우리로부터 멀어지는 방향으로 움직일 때 우리 귀에 들려오는 음의 파장은 길어진다. 또한 음원이 우리 쪽으로 다가올 때는 우리 귀에 들려오는 음의 파장은 짧아진다.

이것을 그림으로 보면 다음과 같은 그림이 된다. 이 그림은 가운데 있는 음원이 왼쪽으로 움직이고 그로부터 발사된 음파가 퍼져나가는 모습을 나타내고 있다. 이 사진의 왼쪽에 있는 관측자는 늘어난 파장을 가진 음을 듣게 되고 오른쪽에 있는 관측자는 짧아진 파장의 음을 들을 것이다.

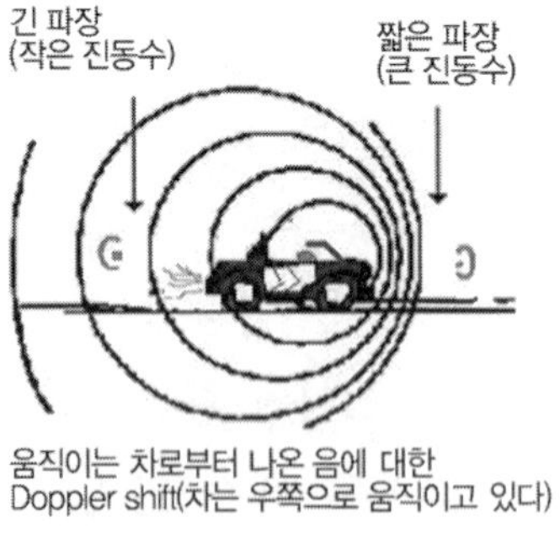

움직이는 차로부터 나온 음에 대한
Doppler shift(차는 우쪽으로 움직이고 있다)

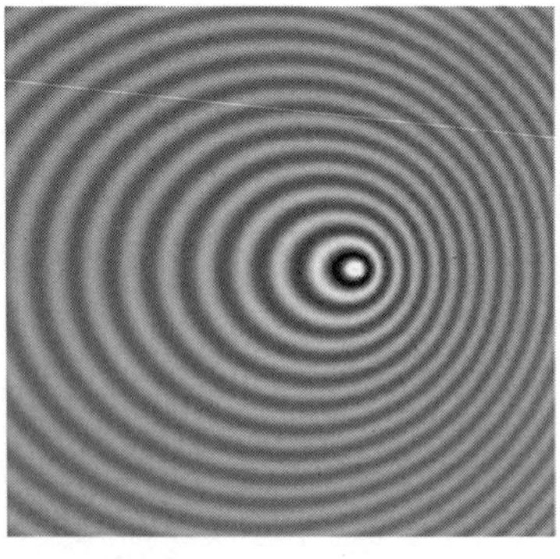

먼저 나간 파동 뒤를 음원이 따라오기 때문에 파동이 압축되고 오른쪽 관측자의 경우는 음원이 파동의 움직이는 방향으로 향하기 때문에 결국은 파동이 짧아지는 꼴이 되는 것이다.

7.5 적색변위(Red shift)

가시광선에서 보면 파장이 길어지면 빨간색 쪽으로 기울어지고 따라서 적색변위가 일어난다. 파장이 짧아지면 짧은 파장인 청색빛 쪽으로 기울어지게 된다. 즉, 청색변위(blueshift)이다.

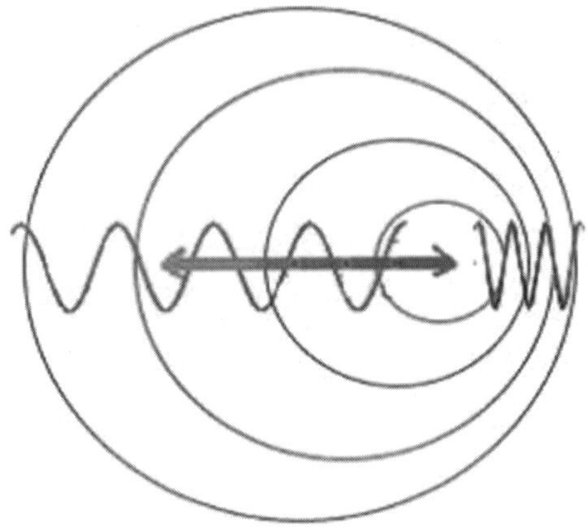

빛은 아인슈타인의 상대성이론과 같은 틀 속에 있으므로 상대성이론으로 유도된 상대론적 도플러효과에 따라 그 파장이 변한다. 그 변화한 양을 원래 가지고 있던 빛의 파장으로 나눈 양을 적색변위라고 하고 Z로 표현한다. 따라서 Z

값은 은하의 속도함수이며 반대로 은하의 속도는 Z값을 알면 얻을 수 있다.

(참고 : 《우주의 비밀》, 전일동 저, 청문각출판사, 2008년)

이러한 변위(shift) 현상을 스펙트럼으로 보면 다음과 같다.

우선 태양광선의 스펙트럼을 분석하면 다음과 같은 까만 띠가 나타나는데 이 띠는 태양의 표면영역에 있는 원소가 흡수한 빛의 스펙트럼을 나타낸다. 즉, 흡수 스펙트럼이다. 태양광에서 그 파장에 해당하는 빛이 원자에 흡수되어버렸기 때문에 까맣게 나타나는 것이다.

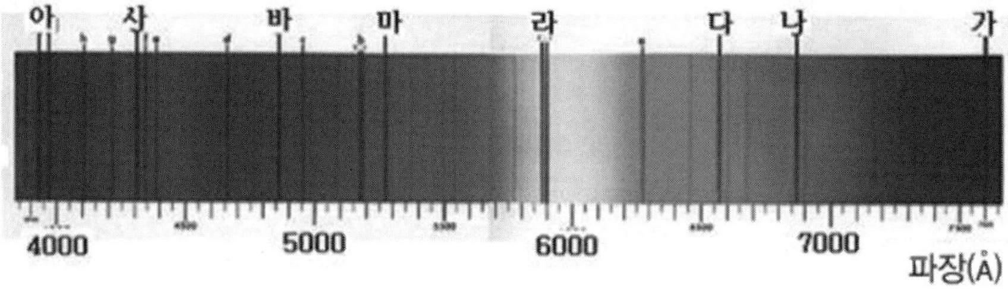

흡수하는 원자와 스펙트럼 선의 관계는 가&나–산소, 나&바–수소, 라–나트륨, 마–철, 사&아–칼슘

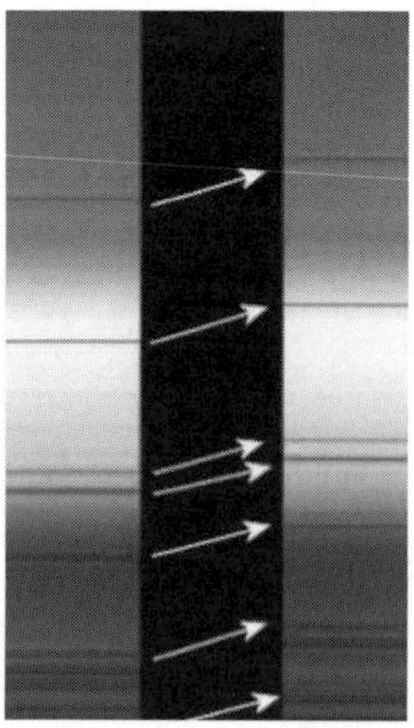

이러한 흡수 스펙트럼이 도플러효과에 의해 어떻게 이동되는가를 왼쪽에 나타낸 스펙트럼에서 보여주고 있다.

이 스펙트럼 사진에서 왼쪽은 도플러효과에 의해 이동하기 전의 스펙트럼이고, 오른쪽은 먼 거리에 있는 초은하단(Supercluster)으로부터 나온 광선의 스펙트럼이다. 흡수 스펙트럼 선이 적색쪽으로 이동한 것을 분명히 볼 수 있다. 이 이동이 바로 적색변위를 나타내고 있는 것이고 성운이 우리로부터 멀어져가고 있는 것을 말해주고 있다. 적색변위는 긴 파장쪽으로 변위하고 있다는 것을 말해주고 있기 때문에 멀어져가고 있는 것이다.

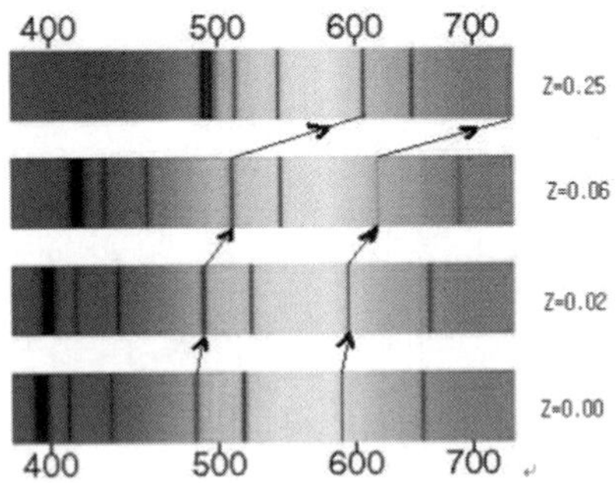

이 사진은 적색변위 Z값에 따라 스펙트럼 라인이 얼마나 이동하는가를 보여주는 것인데 제일 아래에 있는 스펙트럼이 표준스펙트럼, 즉 Z=0인 경우이며 밑으로부터 Z값이 0.02, 0.06, 0.25일 때의 스펙트럼 라인을 나타내고 있다. Z값이 크면 클수록 파장변화도 커진다. 특히 주의해야 할 점은 Z=0.25일 때, 즉 제일 위에 있는 스펙트럼은 다른 것에 비해 상당히 많이 오른쪽으로 이동하고 있어서 비교할 때 잘 살펴봐야 할 것이다(까만 스펙트럼 라인이 왼쪽으로부터 몇 번째 인지를 따져야 한다).

적색변위에는 여러 개가 복합적으로 기여하고 있다. 일반상대성이론에 입각한 우주모델은 팽창우주이기 때문에 우주공간이 팽창함으로 우주 속에 있는 천체는 서로 멀어지는 방향으로 상대운동을 하고 있고, 따라서 도플러효과에 의해 적색변위를 나타낸다. 이러한 적색변위를 우주론적 적색변위(cosmological redshift)라고 한다.

또 하나의 적색변위는 중력에 의한 것으로 중력이 작용하고 있는 공간을 빛이 통과하면 그 빛의 파장은 변한다. 이것은 아인슈타인의 일반상대성이론에서 나온 결과이며, 따라서 우주공간을 중력방향으로 이동하는 빛은 반드시 적색변위를 나타낸다.

이 효과는 아주 미미한 것이지만 뫼스바우어(Mössbauer) 방법을 이용하여 관측할 수 있다. 그런데 블랙홀 근처에서는 무시하지 못할만한 효과를 나타낸다. 사건 지평선(event horizon)에 접근함에 따라 적색변위는 무한대가 된다(여기서 사건 지평선이란 블랙홀의 표면이라고 이해하면 된다).

왼쪽 그림은 중성자별(막대한 질량을 갖고 있으므로 그것이 나타내는 중력은 막강하다)에 의한 중력 적색변위를 나타내고 있다. 즉, 중성자별에 아주 가까운 데에서는 엷은 청색빛이며, 중성자별로부터 멀어지면서 차차 파장이 커지고 따라서 빛의 색이 점점 빨간색 쪽으로 바뀌어간다.

아래의 곡선은 Z값에 따라 v/c(v는 은하의 속도이고 c는 빛의 속도이다) 값이 어떻게 바뀌는가를 나타내고 있다. Z값이 10 정도가 되면 이미 은하의 속도는 빛의 속도에 가까워진다.

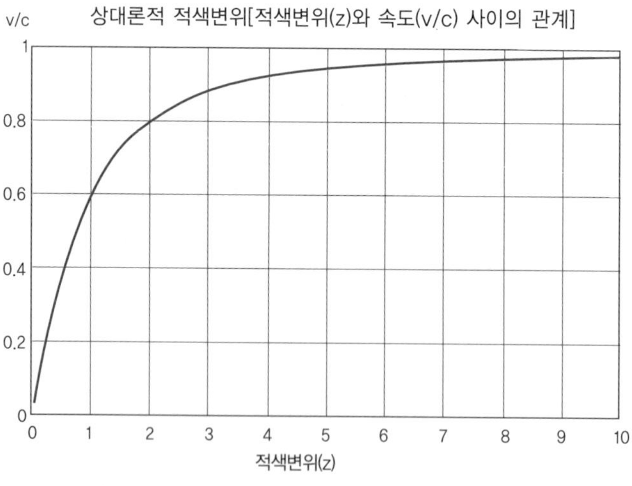

아래 사진은 퀘이사와 은하의 적색변위이다.

위의 왼쪽은 퀘이사 PKS1327-206이 적색변위 Z=1.17을 나타내고, 은하 ESO1327-206는 Z=0.018을 나타내는 것을 보여주고 있다. 오른쪽 사진은 퀘이사 PKS-2020-370가 적색변위 Z=1.05, 은하집단 Klemola 31AB의 적색변위는 Z=0.0288임을 나타내고 있다. 그들은 서로 연관성이 있는데 왜 적색변위가 그렇게 차이를 보이는지는 분명하지 않다.

이와 같이 적색변위를 측정함으로써 은하의 속도를 알아내면 허블의 관계식을 이용하여 그 은하의 거리를 계산해낼 수 있는 것이다.

허블은 은하의 관측을 통하여 허블의 법칙을 발견하였는데, 허블 상수 H를 정확히 결정해야 한다. 그렇게 하기 위해서는 많은 은하를 관측하여 그 데이터를 토대로 H값을 추출해야 할 것이다. 물론 망원경으로 관측하기 때문에 광학적으로 빛이 보여야 한다. 그러나 너무 멀어서 빛이 거의 보이지 않는 경우도 있을 것이다. 빛이 보이는 범위에서 H값을 결정하면 보이지 않는 먼 거리에 있는 은하도 결국 이 법칙을 따라 움직이고 있다고 봐야 할 것이다. 요는 H값이다.

허블은 약 42개 은하를 관측하여 속도와 거리 관계를 다음과 같은 그래프로 정리하였다. 그들은 대체로 직선상에 분포하므로 이 직선의 경사를 결정하면 H값을 얻게 되는 것이다.

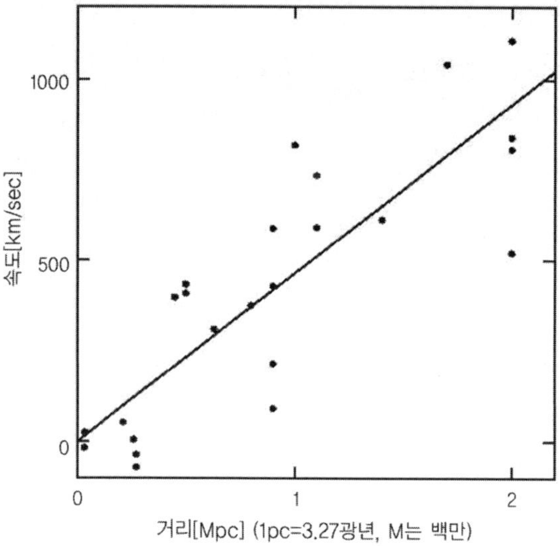

이렇게 하여 그는 H값으로서 H = 530km/(Mpc×s)(혹은 530/1조년)를 제시한 것이다.(여기서 Mpc는 100만 파섹(parsec)을 의미하고 1파섹 = 3.27광년 = 31조km).

그러나 그 후 더 많은 은하들을 관측하여 많은 데이터를 이용하여 다시 결정하였다. 현재로서는 H값으로 65km/(Mpc×s)(혹은 65/1조 년)가 타당하다고 보고 있다.

에드윈 허블(Edwin Powell Hubble, 1889~1953)

미국 천문학자이며 미조우리(Missouri) 주에서 태어나 시카고대학에서 물리학을 공부하였고, 영국 옥스퍼드대학에서는 법학을 공부하였다. 변호사가 되었으나 다시 천문학으로 옮겨 시카고대학에서 박사학위를 취득하였다. 1920년 윌슨(Wilson)천문대 연구원이 되어 1923년 은하 M31, M33 속에 약 30개의 변광성을 발견하였다. 변광성 관측을 토대로 안드로메다 성운이 우리은하 밖에 있는 사실을 확인하였다. 1929년 18개 성운을 분석하면서 유명한 허블법칙을 발견하게 되었다.

M31

M33

7.6 암흑물질(dark matter)

우주에는 미지의 물질이 있을 것이라는 기대가 20세기 중반부터 커져갔다. 이 암흑물질은 알려지지 않는 질량(unknown mass), 질량이 큰 암흑무리(massive dark halo), 잃어버린 질량(missing mass)이라고도 한다. 물론 아직도 결정적으로 그 존재가 확인된 것은 아니지만 여러 가지 측면에서 암흑물질이 있는 것으로 의견이 기울고 있다. 현재 세계에서 몇 그룹이 암흑물질 탐색을 위해 계속적인 연구개발을 하고 있다.

암흑물질이 있을 것이라고 하는 장소는 3가지로 나눌 수 있다. 첫 번째는 우리은하 속의 태양근처, 두 번째는 은하 외각, 세 번째는 은하집단 내에 있다고 예측하고 있다. 이러한 장소에 있다는 암흑물질은 똑같다고 할 수는 없으며, 따라서 각각 독립적으로 탐색을 하는 것이 바람직하다.

(1) 태양 근처의 암흑물질

태양 근처에 있다고 주장한 천문학자는 오르트(Jan Hendrik Oort)이며, 그는 1932년 은하 원반(圓盤)의 질량분포가 만들어내는 중력장(Gravitational field) 속에서 운동하는 특정한 K형 거성의 운동을 관측된 대로 재현하기 위해서는 은하 원반의 질량분포가 어떻게 되어 있어야 하는가를 계산하였다. 그 결과 관측된 질량분포와 큰 차이를 보였으며, 계산치와 일치하기 위해서는 '관측된 질량' 외에 이때까지 알지 못했던 미지의 천체, 즉 미지의 물질이 있어야 한다고 추정하였다.

얀 헨드릭 오르트(Jan Hendrik Oort, 1900~1992)

네덜란드 태생의 천문학자이며, 흐로닝언(Groningen) 대학을 졸업했다. 그는 1924년 라이덴 천문대에 들어가 천문관측과 은하에 대한 연구를 하였다. 1926년 박사학위를 취득하고 '은하계 회전의 미분효과'에 흥미를 갖고 계속적인 연구를 하면서 미지의 천체, 즉 암흑물질의 존재 가능성을 처음으로 시사하였다.

그 당시 태양 근처의 은하면(銀河面)에서의 총 질량밀도는 0.00026M⊙(ly)$^{-3}$, 즉 1입방광년당 태양질량의 0.00026배에 해당하는 질량을 가진 밀도라고 알고 있었으며, 암흑물질은 이 총 질량밀도의 약 40%에 달한다고 예측되었다.

1972년 이 암흑물질의 역할을 하는 미지의 천체는 M형 왜성(dwarf)이라는 연구결과가 발표되었는데, 그것에 의하면 M형 왜성의 밝기가 종래 사용되었던 방법에 의해 결정한 값보다 실질적으로 작다는 것이다. 즉, M형 왜성은 실제로 더 어두우며 대신 그 수가 약 10배가량 더 많다는 것이다. 이 연구는 그 당시 가장 성능이 좋은 장비로 관측된 데이터들을 토대로 얻은 것으로 큰 반향을 불러일으켰다. 그러나 1975년 슈미트(Maarten Schmidt)는 일련의 논문을 면밀히 검토하여 오르트의 질량문제는 해결이 되지만 M형 왜성의 나이에 대해 문제가 생긴다는 것을 지적하였다. 주계열(Main sequence; 5장 5.1에 있는 RH도표 참조)에 속하는 A~K형 왜성의 속도분산(速度分散)이 왜성연령에 따라 완만하게 올라가는데 M형 왜성의 속도분산이 갑자기 떨어진다. 이것은 M형 왜성의 연령이 한층 젊다는 것을 말한다.

그러나 실제로 관측된 스펙트럼을 분석하여 얻은 연령은 그렇게 젊지 않다. 따라서 오르트가 주장한 미지의 천체 존재가능성은 전면적으로 무너지고 말았다. 문제는 스펙트럼 분석에 오류가 생겨서 M형 왜성의 밝기가 과소평가됨에 따라 그 수가 10배로 나타난 것이다.

이러한 상황에서 프랑스의 비엥애메(Bienaymè) 그룹은 암흑물질의 분포형태를 바꾸고 은하의 역학적 질량을 계산하여 경우에 따라 암흑물질이 없어도 상관이 없다는 결론을 얻었고, 영국의 쿠이켄(Kuijken), 길모어(Gilmor) 그룹은 1990년에 K형 왜성을 500개 선택하여 그들의 데이터를 상세히 분석함으로써 은하원반의 총 질량밀도를 계산하였다. 결과적으로 은하원반에 암흑물질이 있다고 말할 수 없다는 답을 얻었다. 한편으로 미국의 냅(Knapp) 그룹도 1988년 분자운(分子雲)을 대상으로 은하의 역학적 질량을 구한 결과 암흑물질의 존재가능성은 부정적이라고 주장하였다.

마르텐 슈미트(Maarten Schmidt, 1929~)

1929년 12월 28일 흐로닝언 주에서 태어났다. 1956년 라이덴 천문대의 오르트 밑에서 박사학위를 취득하였고 1959년 미국으로 이민하여 캘리포니아 공과대학(CalTech, California Institute of Technology)의 교수로 근무하였다. 천체 3C273을 관측하여 처음으로 퀘이사(즉 Quasi-Stellar Object)란 이름을 지은 사람이다.

(2) 은하 외각에서의 암흑물질

버빛(Burbidg), 프렌더게스트(Prendergast) 등은 1959년에서 1965년 사이에 일련의 논문을 발표하면서 은하 내부의 질량분포와 총 질량을 구하는 방법을 제시하였다. 그것은 관측을 토대로 얻어진 은하의 회전속도곡선으로부터 은하 내부의 질량분포를 구하는 방법이다. 관측된 회전속도곡선을 보면 은하 중심부에서 회전속도가 올라가고 중심부로부터 멀어져도 별로 떨어질 기세가 보이지 않는다. 이 점에 주목한 학자는 레온 메스텔(Leon Mestel)이었다.

레온 메스텔(Leon Mestel, 1927~)

1927년 8월 5일 호주 멜보른(Melbourne) 태생이다. 영국 케임브리지대학을 졸업하였고 그 후 케임브리지대, 프린스턴대, 멘체스터대, 이스라엘의 바이츠만연구소(Weizmann Institute)의 교수를 지냈고 1973년부터 영국 서섹스(Sussex)대학 교수로 재직하다가 1992년에 정년 퇴임하였다.

그는 은하가 탄생할 때 현재의 은하보다 훨씬 크고, 균일한 밀도를 가지고 균일한 회전을 하는 가스가 중력에 의해 수축하면서 형성되었다고 생각하였다. 중력수축하는 가스 내부의 불규칙한 속도는 작고 균일한 각 운동량을 유지하면서 두께가 거의 없는 원판으로 수축한다면 평탄한 회전곡선을 나타내는 은하가 형성될 수 있다는 것을 메스텔이 밝혔다. 회전속도가 은하 외각에서도 떨어지지 않는다는 사실은 은하 외각에 보이지 않는 물질(천체)이 존재하고 있을지도 모른다는 기대감을 갖도록 부추긴다.

오스트라이커(Ostriker)와 피블스(Peebles)는 1973년 은하원판이 계속 안정을 유지하기 위한 조건으로서 은하를 둘러싼 무거운 암흑무리(massive dark halo)가 있어야 한다고 생각하였다. 그들은 은하의 상대속도, 조석(潮汐), 은하집단 내부 운동 등을 토대로 은하의 질량을 계산하였는데, 은하 중심으로부터 37,200ly, 372,000ly, 3,720,000ly에서 질량은 $10^{11}M_{\odot}$(이 질량기호는 태양질량을 나타냄), $10^{12}M_{\odot}$, $10^{13}M_{\odot}$으로 나타났다. 이 값은 평탄한 회전속도곡선을 유도한다.

루빈(V. C. Rubin)은 킷픽(Kitpeak)천문대에서 은하의 회전속도를 보다 면밀하게 관측하였는데, 회전속도곡선이 은하 외각 부분까지 역시 평탄하게 펴져 있다는 결과를 얻었다(1980). 따라서 은하 외각에 암흑물질이 있다는 것은 부정할 수 없는 사실로 받아들이게 되었다.

여기서 우리은하의 회전속도 곡선을 살펴보면 다음과 같다.

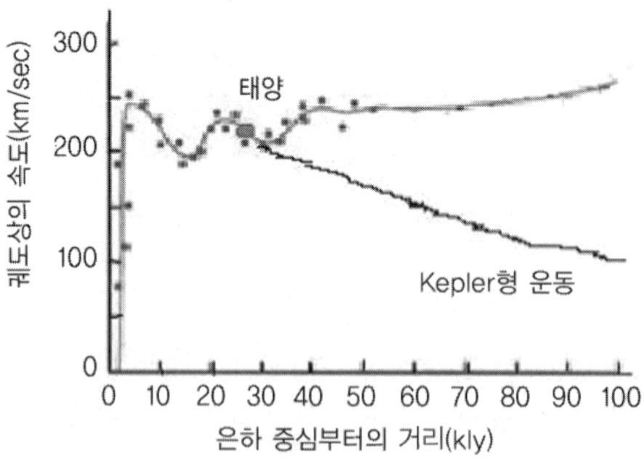

이 그림은 우리은하를 예로 회전속도와 질량분포를 나타낸 것이다. 보통 관측되는 질량분포를 토대로 회전속도를 계산하면 짙은색 곡선(케플러형 운동곡선)이 되는데 실제로 관측된 50kly(은하 경계선까지의 거리) 이내에서의 회전속도는 옅은색 곡선을 나타낸다. 50kly 이상의 회전속도는 그 이하의 회전속도의 경향을 토대로 옅은색 곡선처럼 될 것으로 예측된다. 이 옅은색 회전속도분포를 얻기 위해서는 아래쪽 그림에 나타낸 질량분포가 되어야 한다.

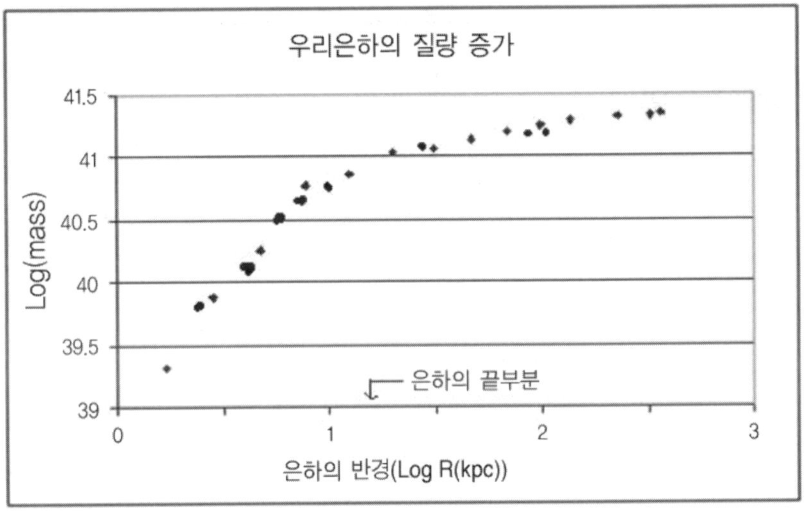

이 그림에 나타난 결과는 은하 외각에서 질량이 줄어들지 않고 오히려 증가하고 있다. 물론 그러한 질량은 과거에 관측되지 않았다. 만약에 우리은하 주변에 암흑물질이 많이 있다면 회전속도는 옅은색 곡선이 될 것이다. 따라서 위 그림의 질량분포는 암흑물질의 존재를 강하게 시사하고 있는 것이다.

그러면 다른 은하는 어떤가? 아래에 소용돌이은하 NGC2998, NGC801,

UGC2885 경우를 나타내었다. 역시 마찬가지로 속도는 외각에서 떨어지지 않다.

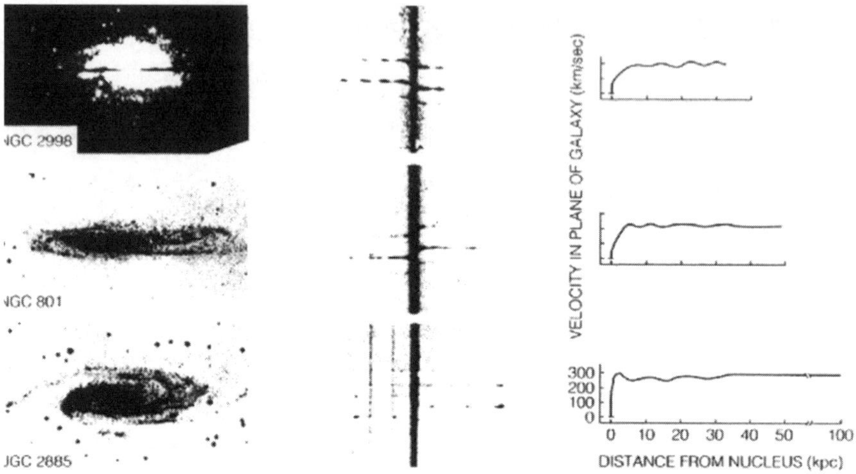

(Source: Prof.H.E.Smith, Gene Smiths Astronomy tutorial"Dark Matter in the Universe" Univ. of California, San Diego, Center for Astrophysics & Space Sciences; http://cass.ucsd.edu/public/tutorial/DM.html)

(3) 은하집단 내의 암흑물질

이 암흑물질의 존재가능성은 1933년 츠비키(Fritz Zwicky)에 의해 제시되었다. 그는 머리카락좌 은하단(Coma Berenices, A1656, 거리=2억 9,000광년)의 질량을 계산하기 위해 팔머(Palmer)산 천문대의 구경 45cm의 슈미트(Schmit) 망원경으로 머리카락좌 은하단에 속하는 670개의 은하에 대한 분포상황을 관측하였다. 그중 21개의 은하의 속도를 구한 결과 평균 660km/s, 분산속도 1,050km/s로 나타났고 이것을 토대로 총 질량을 구한 결과 광학적으로 구한 총 질량보다 500배나 되는 것을 알게 되었다. 이 결과는 보이는 질량의 약 100배나 되는 암흑물질이 있다는 것을 말해준다.

한편으로 앰바르추미안(V. A. Ambartsumian)은 모든 은하군(銀河群), 은하단(銀河團)이 반드시 역학적으로 안정상태에서만 탄생하는 것은 아니라고 주장하였다. 은하단을 안정한 역학계라고 가정해서 츠비키가 주장하는 것처럼 암흑물질의 존재가 현실화되는 것이고, 만약에 불안정한 역학계를 가정하면 암흑물질은 불필요하다는 것이다.

그러나 M82는 처음에 폭발한 것처럼 보였기 때문에 불안정 은하계의 대표적 예로 주목받았으나 그 후 자세한 연구결과, 그 중심부로부터 발사된 강한 빛이 주변에 있는 의외로 많은 성간미립자(星間微粒子)에 의해 산란됨으로써 폭발된 것처럼 보인 것으로 확인되었다. 따라서 M82는 안정된 은하이다.

NGC5128, M87도 처음에는 불안정 은하로 인식되었으나 결국 상세한 연구결과로 불안정 은하가 아님이 밝혀졌다.

M82

NGC5128

M87

이렇게 하여 앰바르추미안의 불안정 은하설은 관측근거가 없다는 결론이 내려졌고 츠비키의 암흑물질 존재설의 지지를 받게 되었다.

프란츠 츠비키(Fritz Zwicky, 1898~1974)

Fritz Zwicky(1898~1974)

불가리아의 바르나(Varna)에서 태어났고 스위스의 글라우스(Glarus) 주에 있는 몰리즈 마을에서 성장하였다. 20세기의 가장 뛰어난 천문학자 중 한 사람으로 평가받고 있다. 1920년 스위스 취리히공과대학을 졸업하였고, 1922년 박사학위를 취득하였다. 1925년 미국으로 건너가 캘리포니아 공과대학 윌슨산과 팔머산 천문대에서 일했다. 1968년 은퇴하였는데 주로 별의 진화를 연구하였다.

앰바르추미안(Victor Amazasp Ambartsumian, 1908~1996)

1908년 9월 18일에 그루지아 공화국의 수도 트빌리시(Tbilisi)에서 태어났다. 레닌그라드(Saint-Petersburg) 대학을 졸업한 후 풀코보(Pulkovo)관측소에서 연구원으로 일했다. 그는 소련에서 대학 내에 천문학과를 처음으로 창설하였고, 1943년 창설된 아르메니아 과학아카데미의 창설 맴버 중 한 사람이며 부원장을 맡았다. 1947~1993년까지는 원장을 지냈다. 1946년 뷰라

칸 천체물리학 천문대(Byurakan Astrophysical Observatory)가 창설되자 소장으로 임명되었다. 그의 업적은 별의 진화에 관한 것이고 가스 성운(gaseous nebulae)의 물리적 구조에 관한 연구 등 은하와 관련된 역학적으로 불안정한 시스템에 대한 연구이다.

그는 수많은 상을 받았으며, 아르메니아의 천문학을 세계 제1급 수준에 올리는 데 지대한 공을 세운 것을 인정받았다.

암흑물질은 눈에 보이지 않는다. 따라서 그것을 관측한다는 것은 그리 쉽지 않다. 현재 세계적으로 많은 천체물리학자들이 암흑물질을 확인하려고 연구하고 있다.

최근에 재미있는 사진이 공개되었다. 그것은 암흑물질의 존재를 나타낸 사진이다. 미국에서 발행되고 있는 학술지 〈천문학 저널〉 2007년 6월 1일호에 발표된 존 홉킨스대학의 제임스 지(M. J. Jee) 박사와 그 공동연구자들이 얻어낸 연구 결과이다.

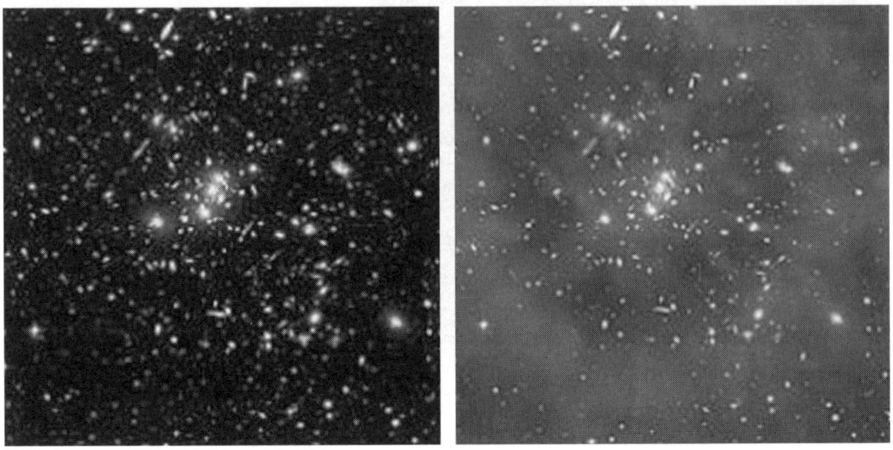

(M.J.Jee, H.Ford et al. (Johns Hopkins Univ.) paper appearing 1 June, 2007 issue of the Astronomical Journal)

위 사진은 지구로부터 50억 광년 떨어진 Cluster ZuC10024+1652이다. 오른쪽 사진에 까만 고리(ring)가 희미하게 나타나고 있는데 이것이 그들이 발견한 직경 약 260만 광년인 암흑물질의 고리이다. 암흑물질의 분포를 사상(mapping)하는 과정에서 이 고리를 발견한 것이다. 10억~20억 년 전 2개 은하단이 충돌하여 중심부에 일단 집중된 암흑물질이 서서히 확산되어 간 흔적이 고리 모양으로 나타났다. 암흑물질의 중력렌즈효과를 분석한 결과이다.

암흑물질이 있다면 우주 속에 얼마나 존재할 것인가. 이것도 대단히 흥미로운 과제이다. 최근에 장 샤를르 퀴랑드르(Jean-Charles Cuillandre)에 의해 컴퓨터 시뮬레이션을 한 결과를 아래에 게재하였다. 상자는 10억 광년 크기이며, 큰 하얀 점이 보통물질을 나타내고 있고 나머지는 암흑물질이다. 대부분이 암흑물질이며 보통물질의 존재가 미미하다는 결과는 우리를 놀라게 한다.

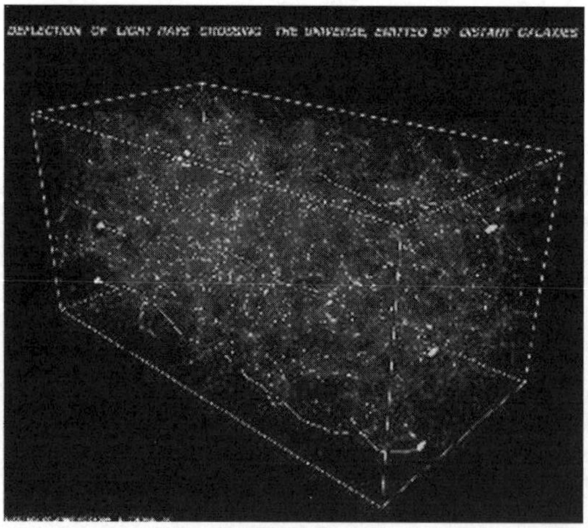

제8장

팽창우주

우주는 정(靜)적으로 존재하는 것이 아니라 어느 시기에 탄생하였고 물리적 원리에 따라 성장하여 현재 우리가 알고 있는 우주까지 진화된 것이다. 그렇다면 우주는 영원히 존재할 것인가, 혹은 언젠가 끝날 것인가에 대해서도 아이슈타인 이론으로 답할 수 있을 것으로 추측된다.

the universe

팽창우주

고대 이집트나 그리스의 역사에서 본 바와 같이 고대인의 우주에 대한 개념은 고정된 공간 속에서 별이나 은하가 단순한 역학적 운동을 하고 있다는 것이었다. 그 위대한 뉴턴(Newton)도 태양계에 있는 행성들의 운동만을 역학적으로 설명하는 데에 그쳤다. 즉, 우주가 지금 있는 모습 그대로 기술한 것뿐이다. 태양계가 언제 어떻게 형성되었는지 또한 그것이 언제까지 지속되는지에 대해서 아무것도 말할 수 없었다.

그러나 1915년 아인슈타인에 의해 발표된 '일반상대성이론'은 '중력장'에 관한 이론인데 만유인력(중력)이 작용되고 있는 시간과 공간 속에서 물질들은 어떻게 운동하는가를 규명할 수 있는 획기적인 이론이다. 따라서 중력이 작용하고 있는 물질이 어떻게 결집하고 그것이 어떻게 그 형태를 변화시켜나가는지 규명할 수 있으면 결국은 우주 형성과정과 진화과정을 설명할 수 있게 되는 것이다.

아이슈타인의 '일반상대성이론'이 등장함으로써 무한한 우주가 우리 눈에 보이게 된 것이다. 이제 우주는 정(靜)적으로 존재하는 것이 아니라 어느 시기에 탄생하였고, 물리적 원리에 따라 성장하여 현재 우리가 알고 있는 우주까지 진화된 것이다. 그렇다면 우주는 영원히 존재할 것인가, 혹은 언제 끝날 것인가에 대해서도 아이슈타인 이론으로 답할 수 있을 것으로 추측된다. 실제로 그것이 가능한데 이 문제는 나중에 설명하기로 한다.

현재 천체물리학자들은 우주의 모델로서 '빅뱅' 이론을 제시하고 있고 여러 가지 최첨단 관측기기를 동원하여 그 타당성을 입증하기 위한 관측을 계속하고 있다. 현재까지는 빅뱅 모형이 가장 좋은 것으로 믿고 있으며 계속적으로 이 이론의 미비한 점을 수정해나가고 있다. 이 이론에는 현대물리학의 최신 지식까지 동원되며 더 나아가서 물리학 이론의 타당성을 우주 형성과정을 통하여 입증하려고도 한다. 즉, 만약에 물리학 이론, 특히 입자물리학이나 장 이론(Field Theory)이 밝히고 있는 물질구조와 상호작용으로 우주초기에 소립자, 원자, 분자들, 더 나아가 물질이 어떻게 형성되었는지 설명할 수 있다면 우주형성 메커니즘을 분석함으로써 오히려 그 이론의 신빙성을 확인할 수 있게 되는 것이다.

8.1 빅뱅(Big Bang) 우주

우선 여기서 빅뱅 이론이 제시하고 있는 우주의 형성과정을 시간에 따라 살펴보기로 하자. 우주는 지금부터 약 140~150억 년 전에 점으로부터 폭발적으로 팽창하였다는 것이다. 이 시작점을 특이점(特異点, singular point)이라고 하는데 수학에서 많이 쓰이는 개념이다. 크기가 없는 완전한 점이지만 지금 우주 속에 있는 모든 에너지가 그 점에 집중되어 있는 특이한 점이다. 이것이 어느 순간에 폭발하여 공간이 팽창해나가고 그 사이에 미시적 입자가 발생하고 전자, 핵자(核子), 그리고 원자 분자들이 생성되어갔다. 그들이 모여 그룹을 형성하고 응축(凝縮)하면서 별이 탄생하였고, 그것이 모여서 은하들을 형성했다고 천문학자들은 말한다. 그러면 여기서 시간에 따라 우주 속에 무엇이 어떻게 생성되었는지 그림에서 보기로 하자.

다음 그림은 빅뱅 이론에서 말하는 우주 역사를 나타낸 것인데 왼쪽 위 끝부분이 우주가 특이점에 있다가 극미한 시간이 지났을 때 빅뱅이 일어난 것이다. 10^{-35}초 지나면 우주는 폭발적 팽창을 하고, 10만 분의 1초 정도가 되면 그 모습을 갖추게 된다. 다시 3초 정도가 되면 우주 속의 기본요소가 형성되며 1만 년이 지나게 되면 복사(輻射)만이 있는 시기이고, 30만 년이 지나면 물질들이 이미 전체를 매운 상태가 된다. 이렇게 3억 년이 지나면 별이나 은하가 형성되는 것이다. 지금부터 약 50억 년 전에 태양이 탄생하였고, 약 38억 년 전에는 생명체가 지구상에 나타나게 되었다. 약 7억 년 전에 동물이 나타났고, 약 2억 년 전에 포유동물이 지구상에 나타났다고 추정되고 있다.

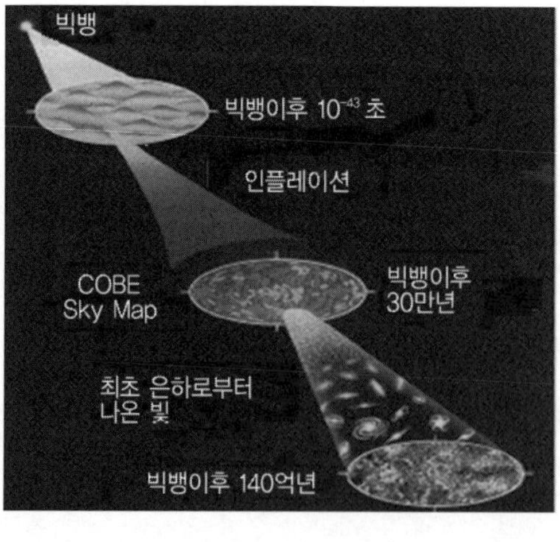

빅뱅 이론에서 말하는 우주의 역사

8.2 우주의 진화

좀 더 자세히 살펴보면 다음과 같다.

우주의 개벽은 특이점이었다고 이미 밝힌 바 있다. 그때부터 10^{-43}~10^{-35}초가 지났을 때 우주 온도는 10^{26}도까지 떨어지고 그 온도가 일단 균일하게 분포된다. 따라서 특이점에서의 온도는 무한대라고 할 수밖에 없다. 물리법칙에 의하면 부피와 온도는 서로 반비례하므로 10^{26}도가 되었을 때 우주의 크기는 약간 늘어나지만 놀랍게도 10^{-51}m 정도밖에 되지 않는다. 이것은 도저히 크기를 갖고 있다고 할 수 없는 대단히 작은 크기이다. 이 정도의 크기는 그릴 수도 없다. 우주가 이렇게 작다니 상상도 못했을 것이다. 고대 그리스 철학자들 중에서도 그렇게 생각한 사람은 한 명도 없었다.

10^{-35}~10^{-32}초가 지나면 인플레이션(inflation)이라고 하는 대폭발이 다시 일어나고 온도가 급속히 떨어진 후 다시 회복된다. 이때 우주는 급속도로 팽창하며 10cm정도까지 커진다. 10cm이다! 우리 우주가 10cm라니 상상할 수 있겠는가? 물론 이때 우주 속에는 입자도 물질도 형성되어 있지도 않고 오로지 에너지만이 있을 뿐이다. 이 에너지가 서서히 입자들을 합성하기 시작한다.

10^{-32}~10^{-5}(즉, 10만 분의 1)초가 지났을 때 우주온도는 약 3×10^{12}(즉, 3조)도까지 떨어지고 크기는 약 태양 정도로 팽창하였다. 이 시기에 쿼크(quark)와 반쿼크(anti-quark)가 합성되었다. 쿼크란 원자핵을 구성하고 있는 핵자들을 형성하는 기본입자로서 현재 우리 우주에서 가장 기본적인 입자 중의 하나로 알려져 있다. 이러한 기본입자(elementary particle)들로 모든 물질이 구성되어 있는 것이다. 이것에 대해서 나중에 더 자세히 설명할 수 있는 기회가 있을 것이다.

10만 분의 1초~100초가 지나면서 우주의 온도는 10억 분의 1도 정도가 되고, 크기(반지름)는 10조 km, 즉 태양 반지름의 약 1,400만 배(지구를 1억 2,400만

번 도는 거리) 이상으로 성장한다. 이때 쿼크들이 원자핵을 형성하는 양성자와 중성자를 합성한다. 원자는 원자핵 주변을 전자가 회전하고 있는 구조를 가지고 있는데 원자핵은 양성자와 중성자로 구성되어 있다. 원자핵의 종류는 그 양성자 수와 중성자 수에 의해 결정된다. 물론 그 수는 어떤 물리법칙에 따라 결정되어 있고 불규칙하게 되어 있는 것은 아니다.

10만 초, 즉 약 하루 정도가 지나면 우주의 온도는 약 4,000도까지 떨어지고 크기(반지름)는 지구 반지름의 약 1,300조 배, 다시 말해서 태양 반지름의 약 13조 배 이상으로 팽창하여 그 속에 핵과 전자들이 생성된다. 그것들은 바로 원자나 분자를 형성하게 된다. 그 후 우주는 투명해진다. 투명이라는 것은 이제 생성된 입자들 사이에서만 결합이나 분리가 일어나고 에너지바다 속에서 지저분하게 입자생성을 준비하는 혼동으로부터 자유롭게 된 것을 말한다.

우주 시작부터 수십억 년 지났을 때 온도는 4,000도 이하로 떨어지고 크기는 태양 반지름의 1억 배의 1억 배 이상으로 팽창하였다. 그리고 은하들이 상호작용하면서 운동하게 되었다.

우주가 10도까지 떨어졌을 때, 즉 크기가 태양 반지름의 1억 배의 1억 배 이상이 되었을 때 은하들은 분리되었고 우주가 현재와 같은 상태가 되면서, 즉 약 140억 년 혹은 150억 년이 지나고 온도가 약 3도로 떨어지면서 크기는 140억 광년 혹은 150억 광년이 된 것이다. 앞으로도 계속적으로 은하가 서로 멀어져 가게 된다. 그것은 우주가 계속 팽창해나간다는 뜻이다. 물론 영원히 팽창할지 언젠가 멈출 것인지, 혹은 다시 줄어들 것인지는 말할 수 없다. 실은 아인슈타인의 일반상대성 이론을 토대로 세운 우주방정식을 풀면 답을 얻을 수 있지만 우선 우주가 위에서 설명한 시나리오에 따라 진화되어왔다고 보는 것이 빅뱅 이론이다.

위에서 설명한 빅뱅 이론은 아직도 계속적으로 연구가 진행되고 있고 그 타당성에 대해서 여러 가지 논의가 전개되고 있다. 문제점이나 아직 풀리지 않는 점이 없는 것은 아니지만 우선 빅뱅 이론의 근거들을 살펴보기로 한다.

8.3 왜 빅뱅 이론이 제시되었는가?

1826년 올버스(Heinrich Olbers)는 "우주에 태양 같은 별들이 수없이 많이 있으니까 하늘은 영원히 환하게 밝아야 하는데 밤이 되면 왜 어둡고 빛이 보이지 않는가? (이것을 Olbers' paradox라고 한다)"라고 물음을 제기하였다.

올버스는 나름의 답을 냈다. 즉, 우주에는 유한개의 별이 있기 때문이라고 생각하였다. 이것은 우주가 유한이라는 뜻이다. 그러나 문제가 발생하였다. 뉴턴(Newton)이 주장한 바와 같이 유한우주는 붕괴(collapse)가 일어날 것이다. 왜냐하면 별들 사이에 만유인력이 작용하고 있기 때문에 모든 별들이 서서히 한 곳으로 모이게 되기 때문이다. 그런데 실제는 그렇지 않고 우주는 있는 그대로 그 크기를 유지하고 있으므로 모순이다. 이 모순의 해결책으로서 그는 우주가 '팽창' 해야 한다고 생각했다. 여기서 처음으로 팽창우주라는 견해가 나온 것이다.

하인리히 올버스(Heinrich Wilhelm Matthäus Olbers, 1758. 10. 11~1840. 3. 2)

독일 브레맨 근교에서 태어났다. 괴팅겐대학에서 의학을 공부하여 브레맨에서 의사로 일하였는데 자신의 집 옥상에 관측소를 만들어 밤에 천체를 관측하였다.

1802년 3월 28일 소행성 팔라스를 발견하였고, 1807년 3월 29일에는 소행성 베스타(Vesta)를 발견하였다. 이들은 결국 소행성대(Asteroid belt)에 속한다. 그리고 올버스의 역설, 'Why is the sky dark at night?'를 제기하였다. 이것이 팽창우주론으로 가는 길을 열게 된 것이다.

이러한 팽창우주를 좀 더 이론적으로 제창한 것은 미국의 천문학자 가모브(George Gamov)이다. 그가 빅뱅 이론을 주장하는 근거는 다음과 같다.

① 우주 속에는 많은 헬륨이 발견된다.

② 헬륨은 별 속에서 핵융합을 통해 생산되는데 그들은 우주공간에 방출되는 것보다 별 속에서 더 무거운 핵을 합성하는 데 쓰인다. 따라서 우주공간에는 그렇게 많은 헬륨이 존재할 수 없는 것이다.

③ 이 헬륨들은 도대체 어디서 온 것인가?

④ 별 속의 핵융합과 무관하고 많이 존재한다면 결국은 별과 관계없이 처음부터 우주에 있었다고 생각할 수밖에 없다.

⑤ 그러면 왜 처음부터 헬륨이 우주에 있었어야 하는가?

이에 가모브는 우주는 초기에 '불 덩어리' 였고 수소, 즉 양성자로부터 시작하여 차차 무거운 원자핵이 형성되어갔다고 생각한 것이다. 즉,

p(양성자) ⇨ He(헬륨) ⇨ C(탄소) ⇨ N(질소) ⇨ O(산소) ……

여기서 원자핵에 관하여 약간 설명하기로 하자. 원자핵은 정전기를 가진 양성자 p와 전기적으로 중성인 중성자 n으로 구성되어 있다. 한 개의 양성자와

한 개의 중성자가 결합하면 중수소 핵(deuteron)이 된다. 양성자 2개와 중성자 2개가 결합하면 헬륨4(Helium)이 된다. 숫자 4는 핵자 수를 나타내며 헬륨3이라 하면 양성자 2개와 중성자 1개로 구성된 헬륨핵이다. 핵 속의 양성자 수가 핵의 종류를 나타내며 양성자 수가 같고 중성자 수만이 다른 핵을 동위원소(isotope)라고 한다. 탄소는 6개의 양성자와 6개의 중성자로 구성된 핵이다. 질소는 7개의 양성자와 7개의 중성자로 구성되어 있고 산소는 8개의 양성자와 8개의 중성자로 구성되어 있다.

이와 같이 양성자나 중성자를 적당히 붙여주면 여러 종류의 핵을 마음대로 만들어낼 수 있는 것이다. 물론 막강한 에너지가 투입되어야 하지만 인공적으로 이러한 핵융합을 일으킬 수 있고, 실제로 세계의 많은 핵실험연구소에서 실행하고 있다.

중성자 n은 고온에서 양성자의 베타붕괴로 다음과 같이 만들어진다.

$p \Rightarrow n + e^{+} + \bar{\upsilon}$

여기서 e^{+}는 양전자이며 $\bar{\upsilon}$는 반중성미자(anti-neutrino)이다.

원자핵은 고온 고밀도 상태에서 만들어지기 때문에 우주 초기에 우주는 막대한 고온 고밀도 상태에 있었다고 가모브는 추측하였다. 따라서 헬륨도 우주 초기에 생성된 것이다. 그렇다면 위에서 본 바와 같이 헬륨은 더 무거운 핵 형성에 쓰일 것이며 헬륨 자체로 남아 있지 않다. 만약에 우주가 팽창한다면 온도와 밀도가 급속도로 떨어지기 때문에 핵융합은 그 이상 진행되지 않을 것이다. 우리는 열역학을 공부하면서 '부피가 팽창함에 따라 기체의 온도와 밀도가 떨어진다'는 것을 알게 된다. 이 원리는 우주에도 적용된다.

다시 말해서 우주가 초기에 고온 고밀도 상태에 있을 때 핵융합에 의해 헬륨까지 형성되었는데 그 시점에서 우주는 급속히 팽창하면서 온도와 밀도가 급감하여 그 이상 핵융합을 일으킬 수 있는 조건이 없어졌다. 이렇게 만들어진 헬륨이 지금까지 우주 속에 남아 있는 것이다. 또한 헬륨보다 더 무거운 핵은 이제 우주공간에서 만들어지지 않고 별 속에서만 만들어지는 것이다. 왜냐하면 별의 내부는 핵융합을 일으킬 수 있을 만큼 충분히 고온 고밀도를 유지하고 있기 때문이다.

이와 같이 '우주 속에 왜 헬륨이 많이 존재하는가'를 설명하기 위해서는 우주가 팽창하였다고 가정할 수밖에 없다. 가모브의 논리가 우주 팽창론, 즉 빅뱅 우주라는 새로운 우주관을 갖도록 한 것이다.

가모브(George Gamov, 1904~1968)

러시아 오데사(Odessa) 태생의 미국 천문학자이며 상트페테르부르크(St. Petersburg)대학에서 물리학을 공부하였다. 1925년 상트페테르부르크대학 출신 모스크대학 교수였던 알렉산더 프리드만(Alexander Friedmann)의 팽창우주론에 관한 강의를 듣고 상대성 이론에 입각한 우주론의 연구를 하기로 결심하였다. 1925년 원자핵에 양자역학을 적용시켜 원자핵의 알파붕괴에 관한 이론을 전개하였고, 1948년에는 원소의 기원에 관한 이론을 확립하였다. 가모브는 일반대중의 과학계몽에도 많은 노력을 기울였다. 《태양의 탄생과 죽음》, 《원자 세계의 톰킨스》, 《불가사의 나라의 톰킨스》 등 많은 계몽 서적을 남겼다.

8.4 팽창우주론을 뒷받침하는 3가지 요소

우주가 팽창한다는 것에 대한 중요한 과학적 근거로서 3가지가 있는데 그것은 다음과 같다.

첫째, 우주 속의 배경복사(Background Radiation) 발견

둘째, 젊은 별이나 젊은 은하들은 헬륨보다 수소를 질량으로 따져서 약 3배 더 많이 포함하고 있다.

셋째, 허블의 법칙을 잘 설명할 수 있다.

이 3가지 근거는 빅뱅 우주론에 결정적 요소로서 과학자들에 받아들여졌다. 이들을 다른 우주 모형으로는 설명할 수가 없고 팽창우주론만이 설명이 가능하다.

(1) 우주 속의 배경복사

1955년 케임브리지대학의 마틴 라일(Martin Ryle) 박사가 한 편의 논문을 발표함으로써 새로운 상황이 벌어졌다. 그는 고성능 전파망원경으로 은하를 관측하였다. 상대적으로 가까운 위치에 있는 은하들은 광학(optical) 망원경으로 관측이 가능하지만 그것보다 훨씬 먼 거리에 있는 별이나 은하들은 이제 광학 망원경만으로는 도저히 관측할 수 없기 때문에 그들이 발사하는 전파를 잡아서 분석함으로써 필요한 정보를 얻는 방법을 쓰는데, 그때 바로 전파망원경을 이용한다. 라일 박사는 천체의 적색변위(빛이 갖고 있는 원래 파장보다 긴 쪽으로 변위하는 현상을 말하며 그 천체가 멀어져갈 때 나타난다)를 측정하여 「전파발신 천체가 큰 적색변위에 더 많이 집중되고 있다(Concentration of radio sources increased at large red shifts)」라는 논문을 발표하였다. 그 내용은 간단히 말해서 은하가 발사하는 전파는 큰 적색변위를 나타내는 것이 많고 어느 변위에 집중되고 있다는 것이다. 이 결과가 의미하는 것은 팽창우주가 어느 시기에 또 어느 위치에서 전파를 발사하였는지를 나타내고 있다는 사실이다.

만약에 그렇다면 그 발사된 전파는 지금 어디에 어떻게 존재하고 있는가?

여기서 약간 물리학을 공부해봐야 하는데, 우선 고무줄의 양쪽 끝부분을 고정시키고 이 고무줄에 진동을 일으키게 하면 그 고무줄은 아래 위로 흔들리면서 파동을 나타낸다. 이 파동은 제자리파(standing wave)이며 파동의 산과 산 사이를 파장(wavelength)이라고 한다. 파장과 진동수(단위시간당 진동수)는 반비례한다.

(파장)×(진동수) = 파동의 속도

즉, 파장이 커지면 진동수는 작아지고 파장이 적어지면 진동수는 커진다. 이것은 빛의 경우도 마찬가지로 성립된다. 그 파동이 내포하고 있는 에너지는 파장의 역수에 비례한다. 에너지는 열에너지로도 측정할 수 있으며 이 파동은 사실은 전자파인데 그 속도는 빛의 속도와 같다. 우주에 이러한 파동이 있다면 그것에 해당하는 온도를 우주가 갖고 있다고 할 수 있다. 만약에 고무줄을 잡아 당겨서 길게 하면 파장이 길게 되며 진동수는 작아진다. 따라서 그 에너지는 줄어든다. 즉, 온도가 확 떨어진다.

이 현상을 우주에 적용시켜 보면 우주의 초기는 고온이었으므로 방출된 전파는 고에너지 상태였는데 우주가 급속도로 팽창함으로써 그 파장이 늘어나고 따라서 온도가 급히 내려가게 될 것이다. 그래서 지금 우주 속에는 온도가 낮은 전파가 보일 것이다. 그 온도는 절대온도로 약 3K이다. 여기서 K는 캘빈(Kelvin)을 나타내며 절대온도의 단위이다.

1965년 미국의 벨(Bell)연구소에 근무하던 펜지아스(Arno A. Penzias) 박사와 윌슨(Robert W. Wilson) 박사가 공동연구를 통하여 배경복사(Background Radiation)를 확인하였다. 뿐만 아니라 그 복사 스펙트럼의 온도가 2.9K임을 밝혀내었다. 그것이 흑체(黑體, Black Body)가 나타내는 열복사(thermal radiation) 스펙트럼과 똑같다는 사실은 그 후에 입증되었다.

이 2.9K 배경복사 발견은 빅뱅 우주론에 강력한 근거를 제시했다는 점에서 획기적인 업적으로 인정받았고 결국은 펜지아스와 윌슨은 1978년도 노벨물리학상을 받았다.

아르노 펜지아스(Arno A. Penzias, 1933~)

미국의 천체물리학자이며 전파천문학 전문가이다. 독일의 뮌헨에서 태어났고 1954년 미국 뉴욕시립대학을 졸업한 후 콜롬비아대학 대학원에서 1962년에 박사학위를 취득하였다. 박사학위를 취득하기 1년 전, 즉 1961년 벨연구소에 취직하고 계속 전파천문학을 연구하였는데 1965년 같은 연구소의 동료 윌슨(R. W. Wilson)과 함께 2.9K 배경복사를 발견하게 되었다. 그 업적으로 1978년도 노벨물리학상을 윌슨과 같이 공동수상하였다.

윌슨(Robert W. Wilson, 1936~)

미국 텍사스 주의 휴스턴에서 태어났다. 1957년 라이스(Rice)대학 물리학과를 졸업하고 1962년 캘리포니아공과대학에서 박사학위를 취득한 후 천체물리학, 특히 전파천문학을 연구하였다.

1963년 벨연구소에 취직하여 펜지아스와 함께 전파천문학을 연구하기로 하였다. 20ft(약 6m) 안테나를 이용하여 우리은하 주변의 가스로부터 오는 전파의 강도를 측정하고 있을 때 7.35cm 파장 영역에서 매우 강한 마이크로파 잡음을 검출하였다. 이것이 2.9K 배경복사이며 프린스턴대학의 디키(R. H. Dicke) 교수 그룹과 교신하면서 이 복사가 옛날 대단히 높은 온도에 있던 우주에 차 있던 복사의 자취임을 확인하였다. 1977년 영국 왕립천문학회로부터 허셜 메달을 수여받았고, 1978년 펜지아스와 공동으로 노벨물리학상을 수상하였다.

펜지아스와 윌슨이 우주 배경 마이크로파를 발견한 당시 사용했던 안테나(horn antena)

펜지아스와 윌슨이 발견한 배경 마이크로파가 정말로 우주 초기, 즉 탄생 후 20만~40만 년 지났을 때 존재했던 전자파인지 더 정밀하게 조사해볼 필요가 있다고 과학자들은 생각하였다. 즉, 우주의 온도가 충분히 높을 때 그 내부에 존재하는 전자파는 열역학에서 말하는 흑체복사에 의한 것이다. 이 흑체복사라는 것은 완전히 단열이 된 빈 공간 속에 열역학적으로 발사된 복사를 말한다. 이러한 복사의 온도 의존도가 나타나 있는 208쪽의 그래프에 대해서는 이미 19세기 말에 알려져 있었고, 그것을 완벽하게 설명한 막스 플랑크(Max Planck)의 업적은 결국 플랑크(Planck) 상수의 발견과 양자역학의 창출로 이어간 것이다.

따라서 우주에서 발견된 배경복사는 흑체복사가 나타내는 곡선을 재현해야 한다. 1989년 나사(NASA)가 제작한 위성 COBE(Cosmic Background Explorer)를 이용하여 배경복사의 파장 함수를 조사한 결과 208쪽의 그림과 같이 흑체복사 곡선과 완전히 일치함을 입증하였다. 이 업적으로 2006년도 노벨물리학상이 그 실험 그룹의 책임자 두 사람에게 수여되었다. COBE의 전 책임자인 매서(J. Mather)와 복사검출기 FIRAS 개발 책임자 스무트(G. Smoot)이다.

매서(John C. Mather, 1946~)

1946년 8월 7일 미국의 버지니아에서 태어났다. 1968년 스와스모어대학을 졸업하였고, 1974년 캘리포니아대학 버클리 캠퍼스에서 박사학위를 취득하고 나사의 COBE 프로젝트 과학자로서 일하고 있다.

스무트(George F. Smoot, 1945~)

1945년 2월 20일에 플로리다의 유콘에서 수질학자인 아버지와 과학교사인 어머니에게서 자랐다. 1966년 미국 MIT공대를 졸업했고, 1970년 박사학위를 취득하였으며, 1974년부터 캘리포니아에 있는 로렌스버클리 국립연구소에 근무하면서 COBE 프로젝트를 이끌고 있다. 1994년부터 캘리포니아대학 버클리분교 물리학과 교수로 재직 중이다.

우주는 초기에 상상을 초월한 높은 온도를 갖고 있었고 급속도로 팽창하면서 그 온도가 내려가고 복사의 전자파가 긴 파장, 즉 마이크로파로 변한 것을 지금 우리가 관측하고 있는 것이다.

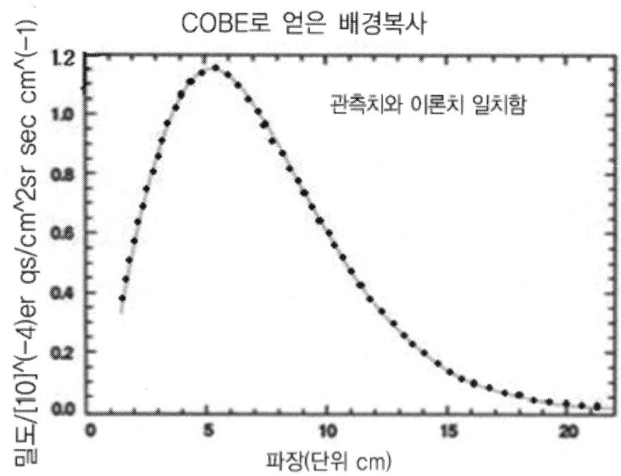

밀도/10−4er qs/cm2sr sec cm−1

아래 그래프는 COBE에 실린 FIRAS(Far-Infrared Absolute Spectrophotometer)로 관측한 결과를 더 선명하게 나타낸 것인데, 2.726K일 때 흑체복사 공식으로 얻은 결과로부터 얼마나 벗어나고 있는지를 표시한 것이다. 직선상에 있으면 완전히 일치하는 것을 나타낸다.

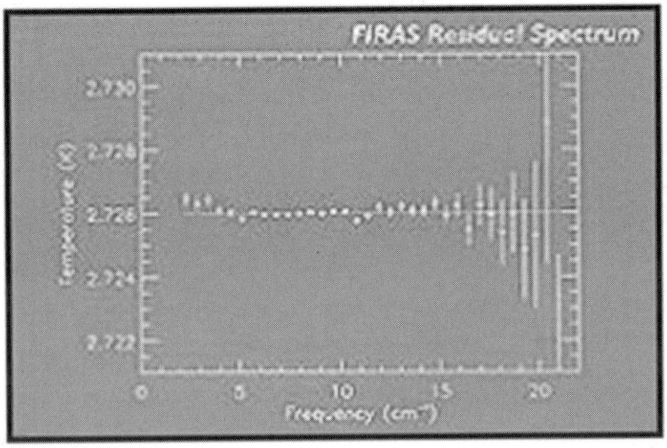

(2) 젊은 별이나 은하들은 왜 헬륨보다 수소를 질량적으로 약 3배 더 많이 포함하고 있는가?

우주의 온도가 100억 도 이하인 경우 헬륨은 안정하게 존재하지만 온도가 100억 도가 되면 헬륨은 2개의 양성자와 2개의 중성자로 붕괴할 수 있다. 다시 말해서 우주 온도가 100억 도가 되었을 때 헬륨이 생성된다는 뜻이다. 즉, 우주가 팽창하면서 초고온 상태로부터 100억 도 정도까지 떨어지면서 양성자와 중성자가 형성되고 그 후에 그들이 각 2개씩 모여 헬륨으로 융합이 되는 것이다.

별은 원래 수소로 구성되어 있는데 그 수소 속의 양성자가 베타 붕괴하면서 중성자로 바뀔 수 있다. 이렇게 하여 별 속에 수소, 즉 양성자와 중성자가 존재하게 되며 그들이 2개씩 모여 결합해서 헬륨을 형성하게 된다. 여기서 유의해야 할 것은 양성자와 중성자의 질량은 거의 같다는 점이다. 정밀한 측정을 해보면 중성자의 질량이 양성자의 질량보다 약 0.13% 정도 더 큰 것으로 나타나지만 그 차이가 워낙 작기 때문에 보통 그들의 질량은 같다고 본다.

별이나 우주 속에서 수소가 헬륨보다 질량(질량수)으로 따져서 3배 더 많다는 것은 헬륨의 질량이 수소의 4배이므로, 결국은 헬륨 1개와 수소 12개라는 비율로 존재한다는 것을 의미한다. 그런데 양성자와 중성자의 비율로 따져보면 수소 12개에 헬륨 속의 2개 양성자를 합쳐서 14개 양성자가 있고 헬륨 속의 2개 중성자가 있기 때문에 14대 2, 즉 7대 1이라는 비율이다.

1 개의 He(헬륨) = (p+p+n+n) 대 12p ⇨ 질량 비율은 4대 12, 즉 1대 3
⇨ 양성자와 중성자 개수 비율은 14대 2, 즉 7대 1

이 비율이 우주 속에서 관측된 수소가 헬륨보다 질량으로 따져서(즉, 질량수로 따져서) 3배 더 많다는 것이다.

입자물리학의 쿼크 모형에 의하면 핵자, 즉 양성자나 중성자는 쿼크라는 더 작은 기본입자로 구성되어 있고 양성자는 2개 업(up)쿼크 u와 1개의 다운(down)쿼크 d로 구성되어 있다고 한다. 한편 중성자는 1개의 업쿼크와 2개의 다운쿼크로 구성되어 있다.

p(양성자) ⇨ uud, n(중성자) ⇨ udd

이와 같이 쿼크로 양성자와 중성자를 형성하는데, 중성자를 형성하는 것이 양성자를 형성하는 것보다 약 7배 어렵다. 즉, 핵자를 형성하는 데 필요한 에너지를 세밀하게 분석한 결과, 중성자를 형성하는 데 필요한 에너지가 양성자를 형성하는 데 필요한 에너지보다 약간 크다는 사실이 밝혀졌다. 그 차이는 중성자 1개를 형성할 때 필요로 하는 에너지가 양성자를 형성하는 데 필요한 에너지의 7배에 해당한다. 즉, 쿼크를 q로 표시하고 그 질량에너지를 m이라 할 때 다음과 같다.

중성자 질량 = 3m + a,
양성자 질량 = 3m + b　　　여기서 a = 7b.

즉, 쿼크로 중성자 1개 만드는 데 필요로 하는 에너지로 양성자 7개를 만들 수 있다는 사실은 위에서 서술한 바와 같이 중성자 1개에 대해 양성자가 7개라는 비율로 존재한다는 것을 말해주고 있다. 결국은 우주 속에 수소가 헬륨보다 질량으로 따져서(즉, 질량수로 따져서) 3배 더 많다는 것은 쿼크로 양성자를 형성하는 것이 중성자를 형성하는 것보다 7배나 쉽다는 것을 의미한다. 이것은 실험적으로 입증되어 있다.

반대로 쿼크로 양성자를 형성하는 것이 중성자를 형성하는 것보다 7배나 쉽다면 우주 속에 7 대 1이라는 비율로 양성자와 중성자가 존재하게 된다. 즉, 양성자가 14개이면 중성자는 2개 존재한다. 이 2개 중성자는 양성자 14개 중 2개와 결합하여 헬륨을 형성한다. 따라서 양성자 12개와 헬륨 1개가 존재하게 된다. 이 비율은 질량수로 12대 4, 즉 양성자와 헬륨의 비율이 3대 1이다.

이러한 핵자 형성과정은 우주 온도가 약 100억 도 정도로 내려갔을 때 일어난다는 빅뱅 이론과 잘 일치한다. 우주가 팽창하면서 차차 그 온도가 내려가고 100억 도 정도에서 핵자가 형성된다는 팽창우주론을 뒷받침하는 강력한 근거라고 과학자들은 주장한다.

* 쿼크에 대해서는 참고문헌 《우주의 비밀》 201쪽을 참조하라. 쿼크는 핵자를 구성하는 기본 입자이며 단독으로는 존재하지 않고 항상 2개 혹은 3개가 같이 묶여 있는 상태로만 존재한다. u와 d는 각각 전하를 +2e/3, −e/3를 갖고 있다. 여기서 e는 양성자의 전하량을 나타내며 따라서 양성자 경우 uud이므로 (2e/3)+(2e/3)+(−e/3) = e, 중성자 경우 udd이므로 (2e/3)+(−e/3)+ (−e/3) = 0 가 된다.

⑶ 허블의 법칙

허블의 법칙은 은하의 속도 v가 그 은하까지의 거리 d에 비례한다는 것이다. 즉, v = H × d이다.

거리가 먼 은하일수록 그 은하가 우리로부터 멀어져가는 속도가 빨라진다. 모든 은하들에 대해 이 법칙이 적용된다. 이 사실은 모든 은하가 확산운동하고 있다는 것을 말해주고 있고 그것이 바로 우주가 팽창하고 있다는 증거이다.

이와 같이 3가지 요소가 모두다 잘 설명되고 따라서 팽창우주론의 타당성이 입증되었다.

이제 우주의 비밀을 많이 알게 되었다. 이렇게 보면 팽창우주론이 우주에 대해 가장 잘 설명할 수 있는 이론이며 아무 모순이 없는 완벽한 것으로 받아들여지고 있는 것 같다. 하지만 우주 진화를 규명하는 과정에서 여러 가지 문제점이 제기되었으나 그때마다 새로운 해결책이 제시되어 지금까지 유일한 우주론으로 자리 잡았다고 할 수 있다.

8.5 우주는 앞으로 어떻게 될 것인가?

이제 우리는 우주가 팽창하고 있다는 것을 알았다. 그렇다면 이 우주가 앞으로도 계속적으로 팽창할 것인가? 혹은 그 팽창이 멈출 것인가? 아니면 팽창이 수그러지는 것인가?

이 문제에 대한 답을 내기 전에 아인슈타인의 우주관을 살펴보자.

아인슈타인(Albert Einstein, 1879~1955)

남독일의 울름(Ulm)에서 태어났고 소년시절을 뮌헨에서 지냈다. 1900년 스위스의 취리히 연방공과대학을 졸업한 후 1901년 베른에 있는 특허국에 근무하면서 1905년에 유명한 3편의 논문을 발표하였는데 그것은 「광전효과(Photoelectric Effect)에 관한 연구」, 「브라운운동의 분자운동학 이론」, 「특수상대성이론(Special Theory of Relativity)」이다. 이로 인해 그의 명성은 세계적이 되었다. 그 후 베른대학 강사(1908), 취리히대학 교수(1909), 프라하대학 교수(1910)를 역임하고 1913년 베를린대학 교수가 되었다. 1916년 일반상대성이론을 완성하였다. 1933년 독일이 히틀러에 의해 군국주의로 변했고 그들의 유태인 학살을 피해 미국으로 이주하여 프린스턴대학의 고등연구소에서 연구생활을 하다가 1955년 사망하였다. 그는 양자역학의 확률적 해석에 동의할 수 없었다. 이 문제에 관한 닐스 보어(Niels Bohr) 등과의 논쟁은 유명하다. 1921년 노벨물리학상을 받았다.

아인슈타인이 일반상대성이론을 토대로 우주방정식을 세우고 그것을 풀고 우주의 모습을 이해하려고 하였으나 한 가지 문제에 부딪쳤다. 그 문제는 우주의 안정성에 관한 것이다. 우주에는 많은 물질이 존재하고 그 사이에 만유인력이 작용하고 있다. 인력만이 존재하기 때문에 결국은 모든 물질들이 서로 잡아당겨서 전체가 수축한다. 즉, 우주가 중력에 의해 붕괴할 것이다. 그러나 우리가 관측을 통하여 알고 있는 우주는 안정적으로 존재한다. 다시 말해서 우주는 안정성을 유지하고 있는 것이다. 그렇다면 우주가 붕괴되지 않고 안정성을 유지하기 위해서는 결국 중력에 대응하는 척력(밀어내는 힘 ; 斥力, repulsive force)이 있어야 균형을 잡을 수 있게 된다. 그래서 아인슈타인은 자기가 세운 우주방정식에 척력을 나타내는 항을 인위적으로 도입한다.

알렉산더 프리드만(Alexander A. Friedmann, 1888~1925)

러시아 상트페테르부르크 태생. 1909년 상트페테르부르크대학을 졸업하여 1922년 박사학위를 취득하였다. 1910년 교량 · 도로 연구소(Institute of Bridges and Roads) 수학조교를 역임했으며, 1912년 광물연구소(Institute of Mines)의 강사, 1913년 파블로프 항공연구소(Aerological Institute of Pavlov) 연구원이 되었다. 1918년 페름(Perm)대학 역학담당 교수가 되었고, 1920년 상트페테르부르크대학 교수로 임명되어 1922년 《공간의 곡률에 관하여(On the curvature of space)》란 제목의 책을 출판하였다. 그는 아인슈타인의 우주방정식을 풀고 우주가 팽창한다는 답을 찾아냈다.

한편 러시아 상트페테르부르크(St. Petersburg)대학의 프리드만(Alexander A. Friedmann) 교수가 아인슈타인의 우주방정식 범위 내에서 우주가 팽창할 수 있다는 답을 얻었다. 간략하게 말하면 우주가 처음부터 팽창하고 있다면 중력이 작용하여도 안정성을 가질 수 있고 또한 팽창이 계속될 수도 있는 것이다.

아인슈타인의 우주방정식을 풀면 우주의 미래를 예측할 수 있는데 우주 속에 분포하고 있는 물질의 밀도와 밀접한 관계를 가지고 있다. 우주가 어느 크기까지 팽창하여 그 후부터 그 크기를 그대로 유지하는 경우의 밀도를 임계밀도라고 부르고 ρ_0로 표시할 때 밀도가 이것보다 작으면 우주는 계속 팽창하게 되며, 만약에 우주가 ρ_0보다 큰 밀도 값을 갖고 있다면 최고 크기까지 팽창했다가 다시 수축하여 원래 모습, 즉 점으로 돌아가게 된다(216쪽의 그림 참조).

이론적으로 이러한 결과를 얻었으나 실질적으로 어떤 곡선이 맞는지는 알기가 쉽지 않다. 왜냐하면 우주의 물질밀도를 정확하게 알아내기가 대단히 어렵기 때문이다. 그러나 과학자들은 여러 가지 방법으로 밀도를 측정한다. 그 결과는 $\rho = (1.02 \pm 0.02)\,\rho_0$이며 거의 임계밀도에 가깝다.

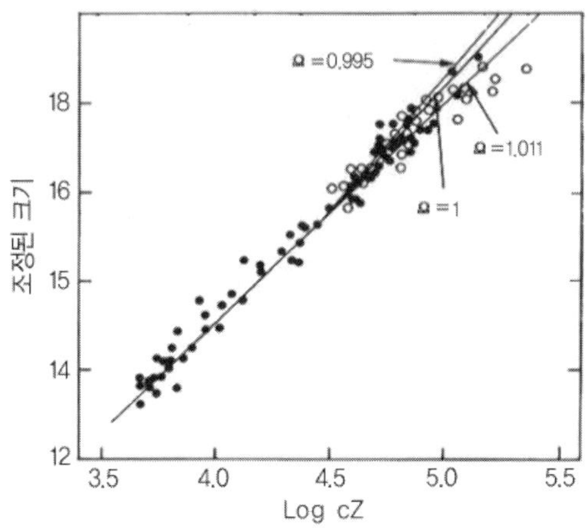

이 그림은 초신성을 관측하고 그 적색변위를 통하여 얻은 거리(distance modulation)를 나타내고 있는데, 우주의 물질밀도와 관련이 있으며 밀도(Ω: 밀도/임계밀도)를 어떻게 잡느냐에 따라 곡선이 달라진다. 이 그림에서 어느 값이 가장 잘 맞는지 분별하기가 쉽지 않지만 Ω=(1.003±0.017)로 얻어진다.

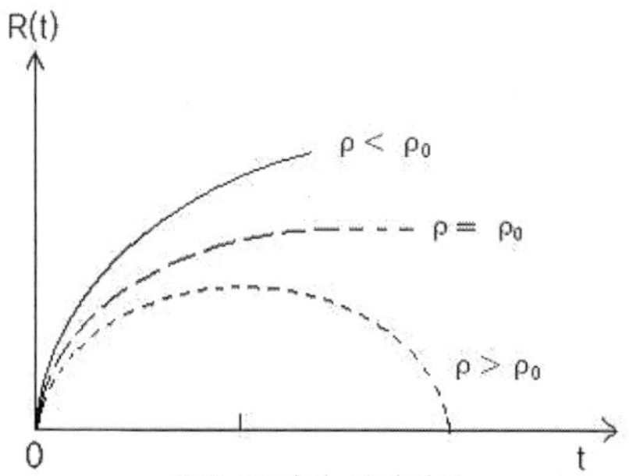

우주 크기의 시간변화

왼쪽 그림은 우주가 밀도에 따라 앞으로 어떻게 되는가를 그린 것이다.

만약에 우주가 다시 원점에 수축하게 된다면 종교계에서 말하고 있는 세상의 종말론을 뒷받침하는 셈이 된다.

제9장

가속된 우주팽창

우주는 기본적으로 팽창하고 있으나 최근에 그 팽창이 가속되어 있다는 사실이 발견되었다. 이러한 가속도 팽창은 지금부터 약 40억~50억 년 전에 시작되었다. 우주의 가속도 팽창을 유발시키는 근원은 어디에 있는가? 우주의 미래는 그 속의 물질밀도에 따라 결정된다. 우주는 영원히 존재하는가? 혹은 다시 수축하여 우주 개벽의 상태로 돌아갈 것인가?

the universe

가속된 우주팽창

9.1 팽창우주론의 문제점

이번에는 그간 제기되었던 문제점과 그 해결책을 설명하고 빅뱅 이론이 제시하는 미래의 우주에 관해 살펴보기로 한다.

세상에서 종교적으로 종말이 있다 혹은 없다 하고 논쟁이 벌어지고 있으나, 우리 우주에 종말이 있는지 과학적으로 분석해본다면 확고한 답을 얻을 수 있는 것으로 생각된다. 빅뱅 이론이 우주가 초창기부터 지금까지 어떤 물리적 과정을 거쳐왔는지 규명했으므로 그 원리와 법칙을 토대로 우리 우주가 앞으로 어떻게 될 것인가에 회답할 수 있을 것이다. 그것은 결국 아인슈타인(Einstein)의 우주방정식을 풀면 얻을 수 있다.

(1) 평탄성 문제와 지평선 문제

우주의 밀도 파라미터 Ω를 Ω = (밀도)/(임계밀도) 같이 정의할 때 Ω = 1인 우주를 평탄한 우주(Flat Universe)라고 한다. 이 경우 우주는 곡률(曲率, curvature)이 없는 완전히 평탄한 시간공간이다. 우주가 균일하게 팽창한다면 아래 그림의 점선같이 팽창한다.

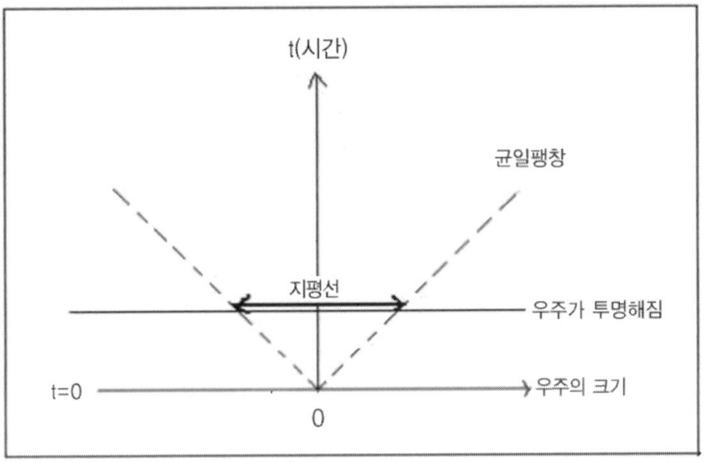

그런데 우주가 빅뱅 직후 에너지 덩어리가 복잡하게 얽혀 있는 상태인데 어떻게 우주 초기에 평균상태가 형성되어 균일하게 팽창해나갔는지 이해하기 어렵다. 다시 말해 어떻게 Ω=1란 평균밀도를 우주 초기에 갖게 되었는지, 즉 평탄하게 되었는지 단순한 빅뱅 이론으로는 설명할 수 없다. 이 문제를 평탄성 문제(Flatness Problem)라고 한다.

현재 측정치는 Ω = 1.02 ± 0.02로 알려져 있다. 평탄성을 좀 더 잘 이해하기 위해 연필로 설명해보자.

연필의 심 부분을 아래 방향으로 하여 책상 위에 세워보자. 연필이 완전히 수직으로 세워지지 않는 한 금방 넘어지기 마련이다. 수직에 가까울수록 서 있는 시간이 길어진다. 공기 흐름이나 진동이 전혀 없는 완벽한 상태에서 연필이 완전히 수직으로 서게 되면 영원히 서 있게 된다. 수직으로 된 자세가 바로 임계위치다.

우주의 경우 만약에 임계밀도부터 많이 벗어난 밀도로 팽창이 시작하였다면 140억 년이나 살기 훨씬 전에 급하게 붕괴하였던지 혹은 핵 합성과정이나 은하의 형성시기가 순간적으로 지나가버릴 것이다. 우주가 $\Omega=1$에 아주 가까운 밀도로 출발할 때만이 우리가 알고 있는 우주의 모습을 갖게 되는 것이다. 그런데 초고온, 초고밀도로 된 약동적인 초기 우주가 왜 처음부터 $\Omega=1$란 밀도를 갖고 있었는지 그 이유를 찾을 수 없다. 뿐만 아니라 극히 작은 구로 되어 있는 우주에 곡률(曲率)이 거의 없다는 것은 모순이다.

아인슈타인의 상대성이론에서 유도된 결론에 의하면 어떤 물체라도 빛의 속도보다 빨리 움직일 수 없다. 이 빛이 도달한 영역이 물리적 공간이다. 즉, 우리 우주이다. 또한 투명하게 된 우리 우주의 현재 크기가 약 140억 광년이고 물질이 존재함으로써 공간이 형성되고 물질이 없는 공간은 물리적으로 존재하지 않는다. 여기서 투명하다고 하는 뜻은 에너지라든지 신호 같은 것을 주고받고 하는 상황을 벗어나 균일하고 안정된 상태를 말한다.

빅뱅 폭발이 일어난 후 약 10억 년 지났을 때 서로 반대방향에 있는 천체가 열복사(thermal radiation)를 발사하였으나 상대방이 계속 빠른 속도(빛의 속도에 거의 가깝다)로 멀어져가고 있기 때문에 아마 영원히 상대방에 도달할 수 없을 것이다. 즉, 서로 정보를 교환할 수 없다. 따라서 에너지를 주고받고 할 수가 없고 서로의 지평선이 교차하지 않기 때문에 우주 내의 물질분포를 평균화하지 못한다. 그렇다면 어떻게 지금 우리가 살고 있는 투명한 우주가 가능해질까? 이러한 문제를 지평선 문제(horizon problem)라고 한다.

이 2개의 문제를 해결하지 못한다면 팽창우주론은 치명적으로 타격을 입게 된다.

1981년 미국 물리학자인 알렌 구스(Alan Guth)가 제시한 인플레이션(inflation)이라는 새로운 아이디어에 의해 평탄성 문제와 지평선 문제는 동시에 해결되었다.

인플레이션이란 어느 시기에 우주가 폭발적인 팽창을 일으킨다. 그것이 대단히 짧은 시간에 일어난다. 따라서 우주 온도가 급속히 떨어진다.

아래의 그림에서 굵은 실선으로 표시한 것처럼 인플레이션, 즉 폭발적 팽창이 일어나는데 그동안 시간은 거의 흐르지 않는다. 따라서 그림처럼 평탄한 부분이 생긴다.

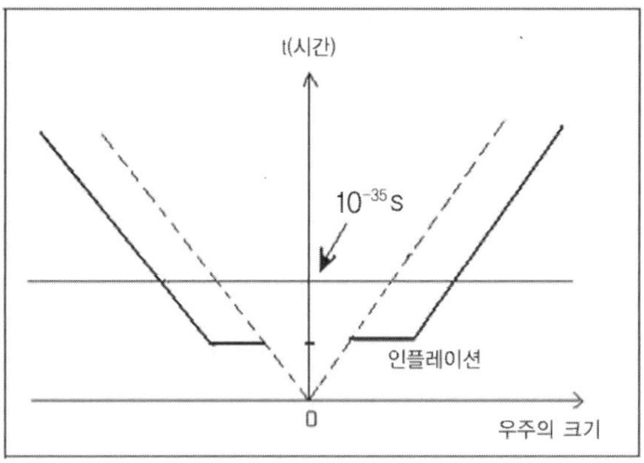

인플레이션이 일어날 때 아주 짧은 시간 동안 우주는 급속도로 팽창한다. 보통 $R(t)=\sqrt{t}$에 따라 팽창하는데 인플레이션이 일어날 때는 $R(t)=\exp(at)$같이 지수 형태(exponential)로 팽창한다. 따라서 위의 그림에서 본 바와 같이 인플레이션이 일어나고 있는 동안의 시간 진행은 아주 작아서 평탄한 부분이 생긴다.

인플레이션이 일어나기 전에 우주 내에서 이미 모든 정보교환이 이루어지고 우주가 균일하게 구성되는 과정이 진행되고 결국은 투명한 우주가 형성된다. 이 투명한 우주가 현재 우주의 첫 모습이다.

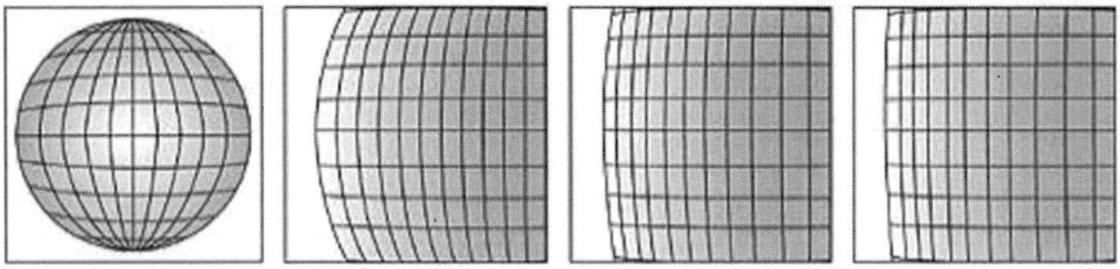

이 그림의 왼쪽 첫 번째 그림은 인플레이션이 일어나기 전의 우주이며, 인플레이션이 일어난 후 급속도로 팽창하여 곡률이 거의 없는 평탄한 면이 형성된다. 따라서 우주의 초기단계에서 우주가 평탄해지는 것이다.

인플레이션이 일어나기 전에 비교적 천천히 팽창하고 있을 때 이미 우주는 균일(uniform)하게 되었고 일단 균일하게 된 후는 그 균일성(uniformity)을 유지한다. 그것은 인플레이션으로부터 영향을 받지 않는다. 따라서 지평선 문제는 무사히 극복할 수 있는 것이다. 또한 인플레이션이 우주 초창기에 일어났기 때문에 우주 초창기부터 거의 평탄하게 되어 있었던 것이다. 즉, 우주밀도가 $\Omega \approx 1$이라는 값을 갖게 된 것이다. 따라서 평탄성 문제는 해결이 된 셈이다.

이렇게 하여 인플레이션 이론이 지평선 문제와 평탄성 문제를 동시에 해결하였던 것이다.

급속도로 팽창하기 때문에 우주의 온도는 급속히 떨어진다. 그러나 온도가 급속히 떨어진 후 그대로 온도변화가 진행되지 않고 인플레이션이 끝나면 다시 온도가 인플레이션 전의 온도까지 올라가고 난 후에 온도변화가 정상적으로 진행된다. 왜 그렇게 온도가 회복되는가?

실은 진공에너지가 이 갭(사이)을 메우게 된다. 즉 우주가 팽창하면 진공상태에도 큰 변화가 있고, 따라서 진공에너지가 변한다. 잃은 온도를 이 에너지가 보충해주는 것이다. 여기서 온도는 열에너지와 관계되어 있고 모든 에너지는 서로 상통하는 점에 유의해야 한다.

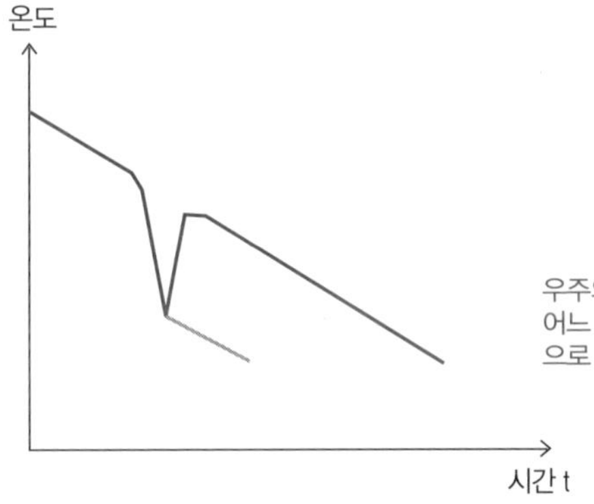

우주의 온도변화. 시간이 흐르면서 우주는 식어간다. 그러나 어느 시기에 인플레이션이 일어나 부피가 폭발적으로 팽창함으로 온도가 급락하게 된다.

위에서 본 바와 같이 팽창우주론에 밀어닥친 위기는 인플레이션으로 깔끔하게 해결되었다.

(2) 인플레이션의 메커니즘

인플레이션 이론은 평탄성 문제와 지평선 문제를 해결하기 위해 제시된 것이 아니라 처음에는 마이크로파 배경복사(microwave background radiation)의 균등성, 즉 모든 방향에 동등하다는 사실을 설명하기 위해 인플레이션이란 개념이 도입된 것이다. 인플레이션이 일어나기 전에는 작은 초기 우주에서 열역학적 복사(thermal radiation)가 우주의 구석구석에 전달되면서 우주의 균일성과 동등성이 형성되고, 그 후에 폭발적인 인플레이션 팽창이 일어난 것이다. 그 다음부터는 그 균일성이 유지되고 결국은 오늘날 2.9K의 배경복사가 관측되는 것이다.

그런데 이 폭발적인 인플레이션 팽창은 어떻게 일어나는가? 그 메커니즘은 아인슈타인의 아이디어에서 찾을 수 있다.

아인슈타인은 "중력(인력)에 대응하는 척력을 도입해야만이 정적인(static) 우주가 그 안정성을 유지할 수 있다"고 주장하였다. 왜냐하면 우주에는 중력(인력)만이 작용하고 있으면 물질들이 수축하여 우주 자체가 평형상태를 유지할 수 없기 때문이다. 수축에 대응하는 팽창이 있어야 하며 그것을 나타내는 척력이 꼭 필요하다고 그는 생각한 것이다. 그러나 아인슈타인은 그 후 그것을 취소하였고 자기 생애 최대의 실수라고 후회하였다. 왜냐하면 프리드만이 제시한 것처럼 우주는 처음부터 팽창하고 있기 때문이다. 그러나 이것으로는 인플레이션 같은 폭발적 팽창은 일어나지 않고 정상적 팽창만이 지속될 것이다.

만약에 아인슈타인이 도입한 척력 항이 있다면 폭발적 팽창을 창출할 수 있다. 따라서 아인슈타인이 후회하여 철회한 척력은 대단히 중요한 힘이며 결국은 아인슈타인이 옳았던 것이다.

우주가 팽창한다는 사실은 아인슈타인의 상대성이론으로 설명할 수 있다. 아인슈타인 방정식에 도입된 척력 항을 주목할 필요가 있다. 처음에 아인슈타인은 중력(인력)만으로 형성되어 있는 우주가 안정성을 유지하기 위해서는 척력이 있어야 한다고 생각하여 그것을 나타내는 항을 우주방정식에 도입하였으나 결과적으로 그 척력 항 때문에 우주의 대폭발적 팽창인 인플레이션 현상을 설명할 수 있었던 것이다.

그런데 이 척력 항은 인위적으로 아인슈타인이 도입한 것으로 자연스럽지 않다. 즉, 필연성이 결여되어 있다.

이러한 척력이 어디에서 오는가, 그 근원은 무엇이며 어디에 있는가에 대해 아인슈타인은 설명하지 않았다. 하나의 가능성은 암흑에너지이다. 암흑물질과 마찬가지로 이 암흑에너지도 눈에 보이지 않고 무엇으로 구성되어 있는지 현재 아무것도 알려지지 않고 있다. 암흑에너지의 존재가능성은 천체관측을 통하여 입증되어 있다.

다시 설명하겠지만 우주에서 그 존재가 확인된 물질과 암흑물질은 각각 4%와 22%에 지나지 않다. 나머지 74%는 무엇인가? 그것은 암흑에너지이다.

많은 천문학자와 우주과학자들이 이 암흑에너지를 규명하기 위해 연구에 박차를 가하고 있다. 지금 암흑물질과 암흑에너지가 근세기의 최대 연구과제로 인식되고 있다.

9.2 암흑에너지(Dark energy)

암흑에너지에 대해 좀 더 알아보기로 하자.

이미 설명한 바와 같이 빅뱅우주론에 제기되었던 평탄성 문제와 지평선 문제가 인플레이션이라는 개념을 도입함으로써 해결되었다. 또한 팽창우주론의 기본적 메커니즘에 대해서도 이미 간략하게 설명하였다. 아인슈타인의 척력 항에 대한 의미도 알게 되었으나 이러한 폭발적인 팽창을 일으키는 근원에 대해서는 알지 못했다.

일반적으로 힘은 위치에너지(다시 말해 퍼텐셜에너지)의 경사로 주어진다. 산 위는 평지보다 위치에너지가 높다. 따라서 물이 산 위로부터 평지 쪽으로 흐르게 된다. 즉, 산에서 평지 쪽으로 힘이 작용하고 있는 것이다. 그 힘의 크기는 그 산과 평지 간의 경사와 같다. 따라서 폭발력을 얻기 위해서는 반드시 퍼텐셜이 존재해야 한다. 즉, 우주의 폭발적 팽창을 창출하는 척력을 만들어내는 퍼텐셜에 해당하는 에너지가 있어야 할 것이다. 이 에너지가 바로 암흑에너지이다. 이 암흑에너지가 아인슈타인의 척력을 나타내는 것으로 인식되고 있는데, 결국은 암흑에너지의 존재가 입증되어야 한다. 아인슈타인의 우주방정식을 이용하면 확실하게 설명할 수 있다.

아인슈타인 방정식은 물질 밀도 Ωm와 암흑에너지에서 오는 밀도 Ω_Λ로 주어져 있으므로 밀도 값이 대단히 중요하다. Ωm는 눈에 보이는 물질과 암흑물질을 합한 밀도이며, Ω_Λ는 아인슈타인의 척력 항을 나타내는 양인데, 결국은 압력과 밀접한 관계가 있다. 이러한 양은 근본적으로 관측에 의해 결정되는데 Ω_Λ값에 따라 척력의 크기가 결정되는 것이다. 초신성 Ia를 관측함으로써 그 크기를 결정하게 된다. 우선 암흑에너지에 대하여 좀 더 알아보기로 한다.

우주는 기본적으로 팽창하고 있고 아인슈타인 방정식 혹은 프리드만 방정식을 풀고 얻은 우주의 팽창속도는 우주 속에 있는 별들의 사이에 작용되는 중력(인력) 때문에 결국은 줄어들 것으로 추정된다. 그러나 X선 천문위성 찬드라(Chandra)로 은하단(銀河團)을 관측한 결과 우주는 가속도적으로 팽창하고 있다는 사실이 밝혀졌다(2004년 5월에 NASA 발표).

이러한 사실은 초신성, 특히 초신성 Ia을 관측함으로써 알게 된다. 초신성 Ia로부터 방출된 X-선을 관측하는 것이다.

이 관측결과는 물질의 중력에 대적하여 팽창시키는 힘, 즉 신비한 에너지가 있다는 것을 말해주고 있다. 이 에너지가 바로 '암흑에너지' 이다. 이것은 아인슈타인의 척력 항과 밀접한 관계가 있다.

만약에 팽창속도가 작아진다면 은하 사이의 거리가 점점 짧아지고 서로 부딪치고 붕괴할 것이다. 이것을 대붕괴(Big Crunch)라고 한다.

반대로 팽창속도가 커지면 은하들은 서로 떨어져가게 되고 우주 속은 물질이 희박해질 것이다. 극단적으로 가속 팽창한다면 별이나 물체들이 찢어지게 될 것이다. 이것을 빅립(Big Rip)이라고 한다.

영국 케임브리지대학 천문학연구소의 스티븐 알렌(Steven Alan) 교수 등은 NASA의 X선 위성 찬드라를 이용하여 10억~80억 광년 정도 거리에 있는 26개 은하단의 멀어지는 속도와 X선이 내는 고온가스를 조사하였다. 그 결과 우주의 가속도 팽창은 약 40억~50억 년 전에 시작하였고 그 속도는 일정하며 빅립이 일어날 정도는 아닌 것으로 밝혀졌다. 따라서 별이나 물체가 찢어질 일은 일어나지 않을 것이다. 또한 그들의 관측으로 인하여 우주에 암흑에너지가 74%, 암흑물질이 22%나 되고 별이나 은하는 겨우 4%밖에 되지 않는다는 사실이 밝혀졌다.

아래 그림은 우주의 팽창모습을 나타낸 곡선이며, 약 40억~50억 년 전부터 감속팽창에서 가속팽창으로 바뀐 것을 나타내고 있다.

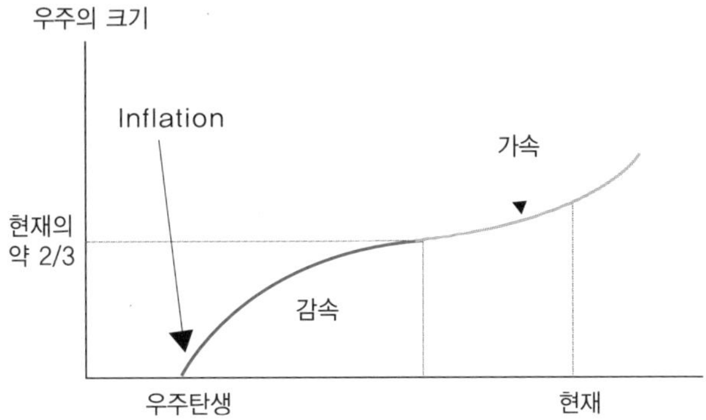

현재 우주의 암흑에너지를 탐사하기 의해 4개의 방법이 제시되고 있다.

① 초신성 Ia에 대한 허블도표 분석

② 우주 배경복사(background microwave radiation)의 미세한 온도 의존, 즉 요동

③ 우주론적 중력렌즈 효과

④ 은하 속에서의 중입자(Baryon, 질량이 큰 입자들) 밀도 요동

이 4개의 현상을 상세히 분석함으로써 암흑에너지의 존재를 확인할 수 있다고 천체물리학자들은 믿고 있다.

(1) 초신성 Ia에 의한 팽창속도 결정

우주의 팽창속도를 알기 위해서는 가까운 별과 먼 별들을 관측할 필요가 있다. 이 관측은 가장 밝은 밝기가 대체로 일정하다는 특징을 갖고 있는 초신성 Ia을 이용한다. 이 별은 대단히 밝고 먼 거리에서도 상대적으로 정밀하게 그 밝기를 측정할 수 있다(즉, 약 5,000만 광년 혹은 90억 광년까지 관측할 수도 있다).

보통 초신성이 폭발하여 가장 밝아진 순간을 알기는 그렇게 쉽지 않다. 그러나 밝아졌다가 서서히 어두워지는 속도를 관측함으로써 가장 밝을 때의 밝기를 오차 10% 범위 내에서 알아낼 수 있다. 이러한 정보를 이용하여 우주의 팽창속도를 밝혀낼 수 있다.

다음 사진은 최근에 관측된 가장 먼 거리에 있는 것으로 알려진 초신성 3개인데 그들의 폭발 분산속도를 측정함으로써 우주의 팽창속도를 알아낸다. 그리고 그 팽창에 암흑에너지가 어떤 영향을 주고 있는지 분석함으로써 암흑에너지에 대한 중요한 정보를 얻게 되는 것이다. 이들의 폭발은 약 35억~100억 년 전에 일어났다.

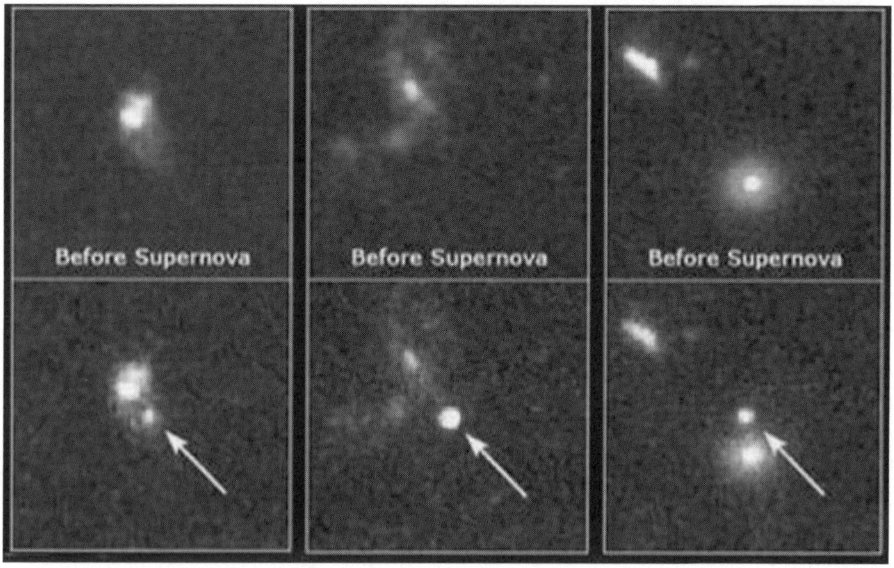

상단에 있는 사진들은 초신성 폭발이 일어나기 전의 은하들을 나타내고 있고 하단에 있는 사진들은 초신성 폭발이 일어난 후의 사진이다. 이 아래 위의 사진을 비교해보면 분명히 초신성 폭발을 확인할 수 있다.

초신성 Ia의 메커니즘에 대해 여기서 간략하게 살펴보자.

우선 초신성 폭발이 일어나기 전에 그 별이 백색왜성이 되어야 한다. 이 백색왜성이 쌍성(binary star)에서 형성될 때 쌍성 중 질량이 큰 별(A)이 동반자별(B)을 허물게 하고 자기 자신의 표면은 가스상태로 변하여 부피가 큰 적색거성으로 변한다. 가스상태의 표면 부분 물질이 방출되고 핵심부분이 질량을 증가하면서 결국은 백색왜성이 된다. 이 백색왜성의 질량이 태양질량의 1.38배 이하일 때 자기의 중력에 의한 붕괴를 전자축퇴(electron degenerate)에 의해 막을 수 있으나 1.44배가 되면 초신성 폭발을 일으키게 된다.

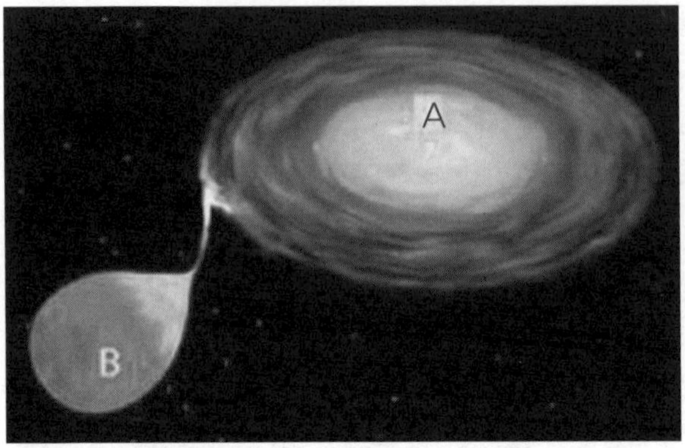

이 그림에서 왼쪽 아래에 있는 별이 동반자인 거성(B)이고 오른쪽 원판의 센터에 보이는 하얀 점이 바로 백색왜성(A)이다. B로부터 A쪽으로 빨려 들어간 물질이 A 주변에 원판 모양의 가스층을 형성하고 있고 그것이 차차 A에 흡수되어 간다.

초신성 Ia의 형성과정을 다음 그림으로 표시하였다.

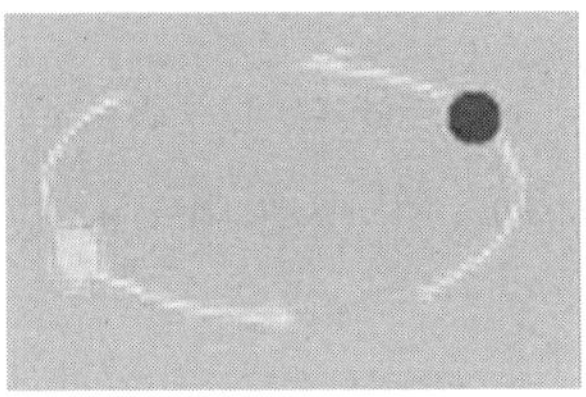

쌍성(Binary star, 검정색 : 질량이 큰 별)

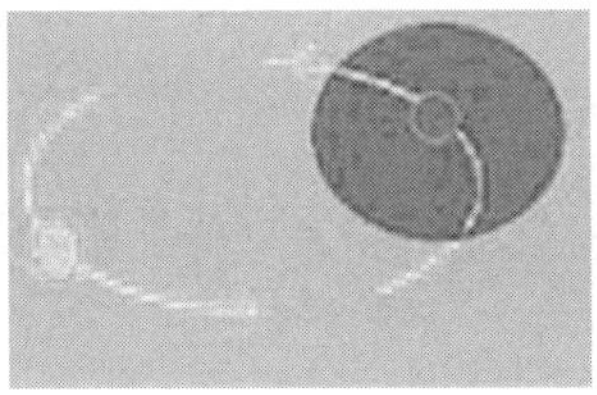

큰 질량의 별이 적색거성으로 성장하여 표면에 있는 가스를 동반자별에 뿌린다.

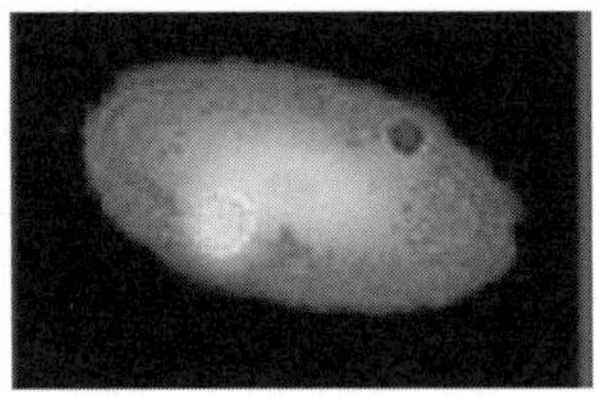

동반자별과 적색거성의 핵심이 공통 외피 내에서 나선운동을 한다

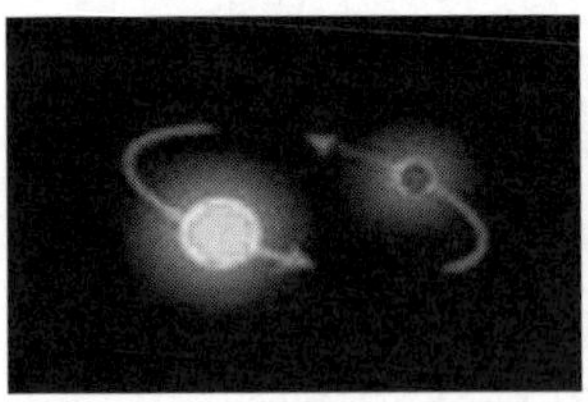

공통 외피가 밖으로 밀려나고 동반자별과 핵심이 접근한다. 핵심이 붕괴하여 백색왜성이 된다. 노화된 동반자별이 가스를 차차 백색왜성(청색) 위에 뿌린다.

백색왜성의 질량이 임계 질량에 달할 때까지 증가한다. 백색왜성이 폭발한다.

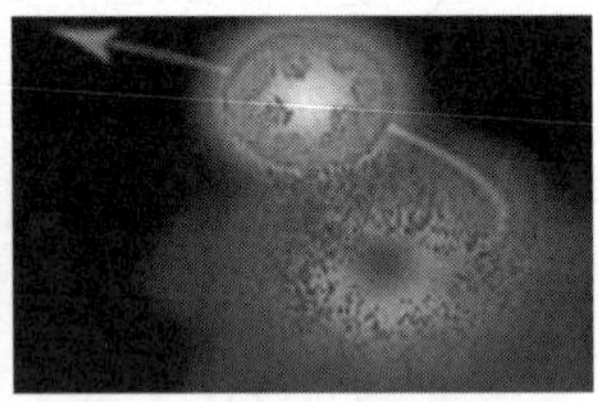

백색왜성이 폭발하면 동반자별이 밀려난다.

초신성 Ia는 특이한 스펙트럼을 나타낸다. 가장 밝은 빛을 내기 전후에는 산소(^{16}O)로부터 칼슘(^{40}Ca) 사이의 중간 무게의 원소로부터 나온 빛이며 주로 별의 외각 부분에 속한다. 폭발이 일어나고 수개월 후, 즉 외각 부분이 거의 확산되고 난 후에는 별의 중심부에서 형성된 더 무거운 원소로부터 가장 밝은 빛이 나오게 된다. 이 스펙트럼은 니켈(^{58}Ni), 코발트(^{57}Co), 철(^{56}Fe) 같은 원소로부터 나온 것이다.

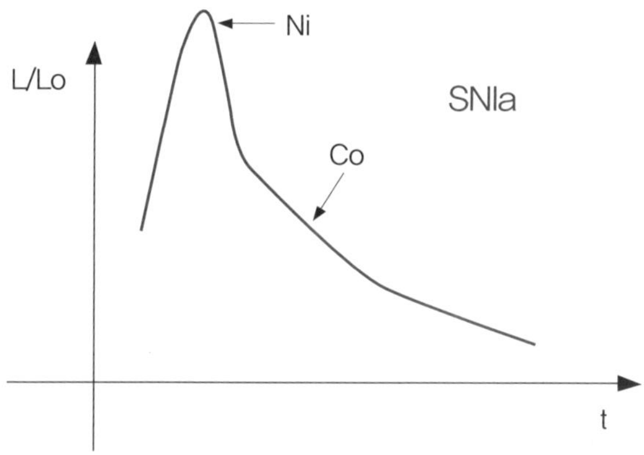

초신성 Ia(SNIa)로부터 나온 스펙트럼의 시간함수. L은 빛의 밝기, Lo는 태양의 밝기

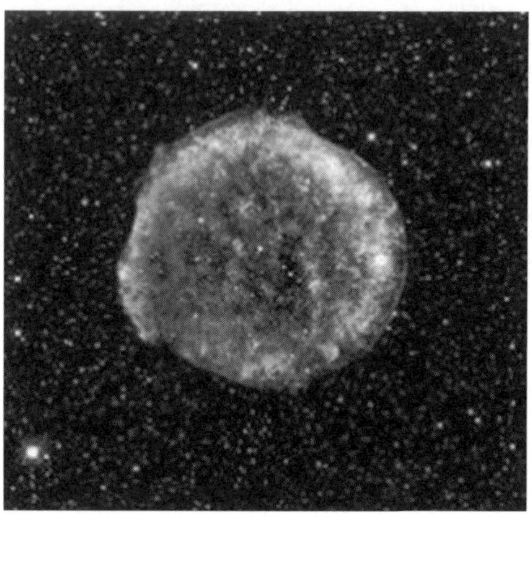

이 사진은 초신성 1572(혹은 Tycho Nova)의 잔해물로 x-선 사진이다.

WMAP(Wilkinson Microwave Anisotropy Probe)로 찍은 우주 배경복사의 온도 분포를 분석하면 온도차이는 10만 분의 1이며 온도는 우주 어디서나 거의 같다는 것을 확인하게 된다. 이것은 우주밀도 파라미터 Ω가 1임을 시사하고 있다. 따라서 Ω=1로 해도 문제가 없다. Ω 값은 가시(可視)물질로만 의존하는 줄로 알고 있었으나 암흑물질의 존재가 유력시되어 있으므로 그것을 포함시켜야 한다. 그런데 이 암흑물질을 고려하더라도 Ω= 0.26밖에 되지 않다는 사실이 밝혀졌다. 나머지 0.74는 다른 것에서 유래할 것이다. 그 후보자가 바로 암흑에너지라고 추측된다. 암흑에너지의 정체는 알 수 없으나 우주를 가속 팽창시킨다.

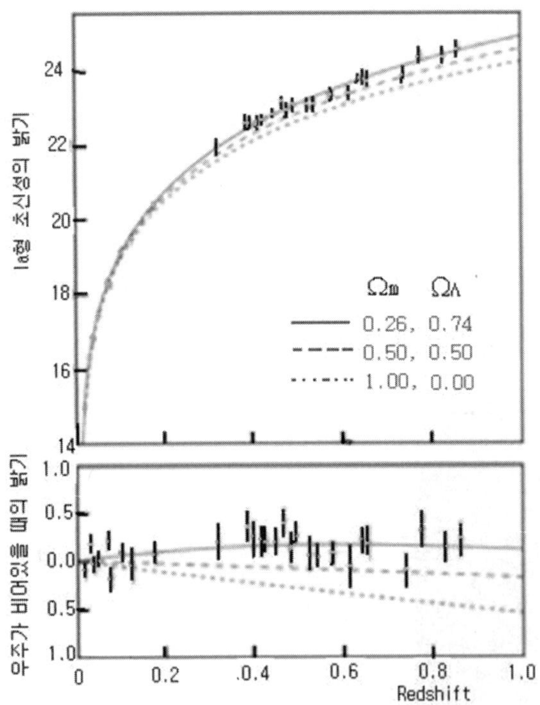

Ωm, ΩΛ 값을 변화시킬 때(실선 : 0.26과 0.74 ; 긴 점선 : 0.50과 0.50 ; 점선 : 1.00과 0.00) Ia형 초신성의 밝기(위 그림) 가로축은 redshift. 밑의 그림은 우주가 비어 있을 때의 밝기를 0으로 택하고 Ωm = 0.26, ΩΛ= 0.74 로 했을 때 관측치와 잘 일치함을 보여주고 있다.

Ia형 초신성 관측결과도 암흑에너지의 존재를 시사하고 있다. 왼쪽 그림은 물질(암흑물질 포함)에서 오는 Ω값을 Ωm = 0.26로 잡고 암흑에너지의 기여를 Ω= 0.74로 했을 때 실선 곡선이 되고 관측 데이터와 잘 일치한다.

이와 같이 암흑물질과 암흑에너지는 우주에 결정적 영향을 주기 때문에 반드시 찾아내야 하며, 그 성질을 규명해야만 우주의 참 모습을 이해할 수 있는 것이다. 그들의 탐색은 근세기 최대 과제로 천체물리학자들의 열정적 연구를 유발하고 있다.

모델과 비교함으로써 데이터가 시사하는 것은 우주는 과거 감속 팽창하였으나 40억~50억 년 전 가속도 팽창으로 바뀐 사실이다. 알려진 데이터는 Ω=1.02 정도이므로 일단 우주가 평탄하다고 가정할 수 있으며, 평탄우주($\Omega = \Omega m + \Omega_\Lambda = 1$) 에서 $\Omega_\Lambda = 0.0$이면 아인슈타인의 척력이 없는 경우를 말하며, 우주가 정상적으로 팽창하는 경우이다. 그러나 관측치를 잘 설명하고 있는 실선은 $\Omega m = 0.26$, $\Omega_\Lambda = 0.74$ 임을 나타내고 있고, 이것은 우주에 암흑에너지가 74%나 존재한다는 사실을 말해주고 있는 것이다.

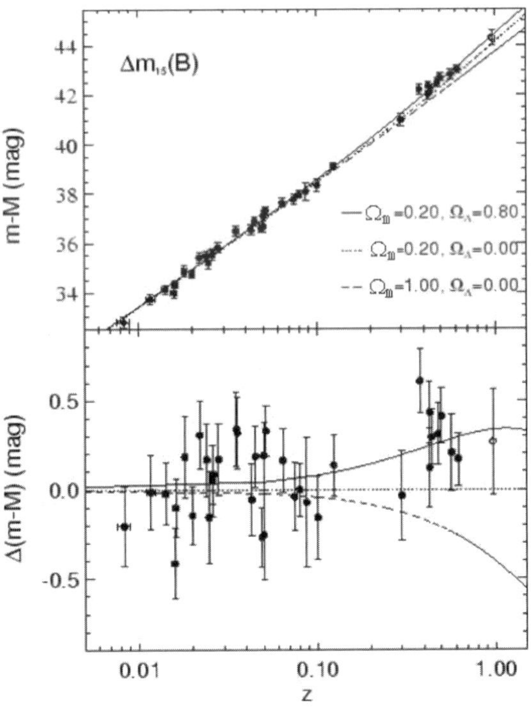

초신성 Ia의 허블 도표(거리지표 m−M 대 적색변위 Z)

이 그림에서도 평탄우주를 가정하여 팽창모습을 본 결과를 나타내고 있는데, 적색변위 Z = 0.1~0.2 근처에서 우주가 가속적으로 팽창한다는 것을 나타내고 있다.

(2) 우주 배경복사의 온도의존 요동(搖動)

우주 배경복사의 온도가 암흑물질이나 암흑에너지로부터 영향을 받아 미세한 요동이 생기는데, 이것을 정밀하게 측정함으로써 암흑에너지에 대한 정보를 얻을 수 있다. 다시 말해서 암흑에너지의 밀도요동(density fluctuation)이 반드시 우주 배경복사에 영향을 줄 것이기 때문에 우주 배경복사의 온도 요동을 조사함으로써 암흑에너지에 대한 정보를 얻는 것이다.

WMAP 위성을 이용한 3년간의 관측결과는 특별한 각도에서 이상이 보인다는 것이다. 즉, 암흑물질이 지배하는 중력 포텐샬 내에서 운동하는 광자, 전자, 중입자 들이 진동하고 있다는 것이다. 이 결과는 결국은 우주의 곡률을 결정하는 데 이용되며 암흑에너지가 없을 때, 즉 $\Omega_{\Lambda} = 0$일 때 $\Omega = \Omega m + \Omega_{\Lambda}(= 0.0) = 1.003$ (오차 + 0.017 혹은 = 0.013)을 얻는다. 암흑에너지가 있는 경우도 $\Omega = \Omega m + \Omega_{\Lambda}=1.024$ (오차 + 0.013 혹은 = 0.016)란 결과를 준다. 이것은 우주가 거의 평탄함을 말해주고 있는 것이다.

암흑에너지가 우주를 지배하는 시기는 적색변위 Z 값이 1보다 작을 때이며 이 시기의 배경복사의 온도 요동을 더 정밀하게 측정하여 암흑에너지에 대한 성질을 알아내려고 하는 시도가 진행되고 있다.

(3) 우주론적 중력렌즈효과

중력렌즈효과는 결국 중력의 근원인 물질이므로 암흑물질이나 암흑에너지가 존재한다면 그것이 반드시 중력을 나타내며 따라서 중력렌즈효과에 반영될 것이다. 은하는 물론 중력렌즈효과를 나타내므로 그들의 효과를 뺀 중력렌즈효과가 암흑물질이나 암흑에너지에서 오는 것이기 때문에 수많은 은하를 관측해야 하므로 실질적으로 그렇게 쉬운 일이 아니다. 그러나 현재 세계적으로 정열적인 연구가 진행되고 있다.

(4) 은하 속에서의 중입자 밀도 요동

우주배경복사의 온도 요동이 결국은 중입자의 밀도 요동을 유발시킨다. 왜냐하면 광자와 중입자는 상호작용하기 때문이다. 이 중입자의 밀도 요동이 중력 상호작용에 의해 암흑물질에 전달될 것이다. 여기서 주의해야 하는 점은 암흑물질은 빛과 상호작용하지 않는다는 점이다. 그렇기 때문에 암흑물질은 우리 눈에 보이지 않는 것이다. 따라서 배경복사의 요동은 직접 암흑물질에 전달되지 않고 중입자를 통하여 이루어지는 것이다. 물론 중입자는 빛과 상호작용한다. 중입자와 암흑물질은 서로 질량을 갖고 있기 때문에 중력적으로 상호작용할 수 있다.

현재까지 중입자 요동이 관측되고 있고 이 결과를 이용하여 암흑에너지의 밀도 파라미터 Ω_Λ를 결정하는 작업들이 진행되고 있다.

이와 같이 우주의 가속도적 팽창을 유발시키는 암흑에너지나 암흑물질의 존재와 그 실체를 알아내기 위한 노력이 계속되고 있고 이것은 21세기 우주론의 최대 과제로 떠오르고 있다. 또 그것을 알아야만 앞으로 우주가 어떻게 진화되는지 예측할 수 있게 된다.

지금까지 암흑에너지의 실체는 알 수가 없으나 진공에너지일 수도 있다. 진공에너지라고 하는 것을 알기 위해 내부가 완전이 물리적으로 비어 있는 구를 생각해보자. 구 내부는 진공이지만 단순히 물질이 없는 빈 공간이 아니고 양자역학적 진공이다. 이러한 진공은 반 입자들이 서성거리는 굉장히 복잡한 공간이며, 양자역학적으로 구 내부 에너지를 살펴보면 바깥 공간의 에너지보다 약간 높다. 힘은 위치에너지의 경사에 의해 나타나며 높은 에너지로부터 낮은 에너지 쪽으로 힘이 작용한다. 따라서 구형 공간이 갖고 있는 진공에너지는 바깥쪽으로 밀어내는 힘을 나타낸다.

우주는 구로 생각할 수 있으며 따라서 그 진공에너지는 바깥쪽으로 힘을 나타낼 것이다. 이것이 바로 암흑에너지의 실체일 수도 있다. 물론 상세한 연구가 이루어져야 하지만 그 가능성을 시사하고 있다고 할 수 있다.

9.3 우주의 미래(우주는 영원히 팽창하는가?)

8장과 9장 9.1절 및 9.2절에서 본 것과 같이 우주는 계속 팽창하고 있으나 우주 속 물질의 밀도가 어떻게 되어 있는가에 따라 그 미래는 달라진다. 물질 밀도가 임계치보다 작으면 가속적으로 혹은 감속적으로 계속 팽창하게 되므로 우주는 영원히 존재하는 것이다.

그러나 만약에 우주의 물질 밀도가 임계치보다 크면 언젠가 팽창이 멈추고 다시 수축하게 되며, 결국은 우주 개벽의 상태로 돌아가게 된다. 이 경우는 결국 우주의 종말이 있다는 답을 얻게 되는 것이다. 옛날부터 철학에서 “시작이 있으면 종말이 있다”고 말해왔는데 만약 그 말이 옳다면 우주에 시작이 있으므로 종말이 반드시 있다는 결론이 나오게 된다. 따라서 우주에 종말이 있기 위해서는 우주 속의 물질 밀도는 임계치보다 커야 한다는 결론을 얻게 된다. 이 결론의 타당성에 대해서는 과학적 근거가 확고하게 제시되어야 한다. 그 작업은 대단히 어렵지만 과학자들은 계속적으로 연구를 수행하여 결정적 데이터를 제시할 것으로 기대된다.

한편으로 종교, 특히 기독교에서 종말론이 대단히 중요한 이슈로 거론되고 있다. 그들은 단지 성경에 언급되어 있다는 사실만으로 종말의 실재를 믿는다. 이 경우는 인간의 죄로 인하여 신이 준 화평과 조화가 파괴됨으로써 비극적 종말이 온다는 것이다. 인간의 내면세계의 붕괴와 환경파괴가 종교에서 말하는 종말이다. 신과 인간 사이의 관계가 완전히 단절되는 순간이 바로 종말이다.

그러나 인간이 멸망하더라도 자연계, 즉 우주는 그대로 존재할 수 있다. 왜냐하면 신과 인간 사이의 관계가 종교이기 때문이다. 우주의 존재는 인간에 의해 좌우되지 않다. 인간과의 관계에서 종말을 과학적으로 본다면 약 50억 년 후에 태양이 그 생애를 마치므로 그때가 바로 인간의 종말이다. 왜냐하면 태양 없이 인간뿐만 아니라 모든 생명체가 이 지구상에서 살 수 없기 때문이다.

이 책에 기술된 우주는 완전히 과학적 근거를 토대로 그 모습을 드러낸 것이다. 인간의 내면세계와 전혀 관계가 없으며 완전히 객관적 실재임을 재확인하는 것이 중요하다.

현재까지 관측된 자료를 분석하면 우주 속의 물질 밀도는 미미하지만 임계치보다는 약간 크다. 따라서 우주는 분명히 다시 수축하여 최종적으로 원점으로 돌아갈 것이다. 즉, 우주의 종말은 있다고 말할 수 있고, 우주의 미래는 과거로 돌아가는 것이다.

우주는 쉬지 않고 약동하고 있다. 그러한 우주의 모습을 주어진 범위 내에서 설명하였다. 우주는 아직 진행과정에 있고 우리가 아직 모르는 것이 너무나 많고 상상을 초월한 현상들이 계속 발견되고 있으며 과학의 발전에 따라 더욱 많은 사실이 밝혀질 것이다. 만약에 우주가 영원히 팽창한다면 끝이 없는 것이고 계속적으로 변해가게 되므로 우주의 본질은 고정되어 있지 않는 변화에 있다고 할 수 있다. 이것은 고대 그리스 철학자들이 논의한 과제이기도 하다.

우주란 무엇인가? 쉽게 답할 수 없다는 것이 진실이다. 그러나 현재까지 과학이 밝혀낸 우주의 모습을 부족하나 이 책에서 소개하였다. 여기에 기술된 것들은 다 과학적 근거를 토대로 한 것이며 공상적 허구가 아님은 새삼스럽게 말할 필요가 없을 것이다.

우주의 신비스러운 모습에 감탄한다면 그것을 덮어 씌운 베일을 하나씩 벗겨 나가는 과학의 놀라운 힘에 괄목해야 할 것이다. 또한 과학기술을 기반으로 한 현대사회에 살고 있는 우리는 과학적 마인드를 가져야 하며 모든 일을 과학적 견해에 서서 처리한다면 우리 사회가 더 합리적이고 질서 있는 미래를 갖게 될 것이다.

* 더 확실한 내용을 알고 싶은 독자에게는 저자의 졸저 《우주의 비밀》(청문각 2008)을 추천한다.

부록

참고문헌

1. Jim Breithaupt, NTC Publishing Group 1999 Cosmalogy

2. Trinh Xuan Thuan, Harry N. Abrams, INC., Publishers 1993 / 시공사, 역서
The Birth of the Universe, The Big Bang and After

3. Hervé Burillier, Cambridge Univ. Press, 2000
Celestial Sites, Celestial splendors

4. Jean-Pierre Maury, Harry N. Abrams, Ins., Publishers, New York 1992
Newton, The Father of Modern Astronomy

5. 石田惠一, Maruzen 1997, 宇宙の科學

6. 이영욱, 동아일보사 2001, 우주 그리고 인간

7. 二間瀨敏史, ナツメ社, 宇宙論

8. Steven Weinberg, 과학전파사 1985, 처음의 3초

9. 佐藤文隆, 小學館 1981, 現代の宇宙論

10. NHK 科學番組部, 日本放送出版協會 1999, すばるが捉きえた驚異の大宇宙

11. 小尾信彌 日本放送出版協會 1976, 宇宙の科學

12. 日下實男, 東海大學出版會 1980, 宇宙觀史

13. 渡邊正雄, 講談社 1996, 科學者 とキリスト教

14. National Audubon Soulty, Alfred A. Knopf, Inc. 1995
Planets and their moons

15. C. W. Misner, K. S. Thorne, J. A. Wheeler, W. H. Freeman & Company
1973, Gravitation

16. 전일동, 우주의 비밀, 청문각 2008

인명 찾아보기(한글)

인명 찾아보기(영문)

L

M

N

O

P

R

S

T

U

W

Z

용어 찾아보기(한글)

ㄷ

ㄹ

ㅁ

ㅂ

ㅅ

ㅈ

ㅊ

ㅋ

용어 찾아보기(영문)

D

E

O

P

Q

R

S

T

U

V

W